"高等院校光电专业实验系列教材"编委会

高等院校光电专业实验系列教材

Optoelectronics and Electronics

光电及电子技术
实验

主　编　张　准　钟丽云
副主编　刘宏展　韦中超

暨南大学出版社
JINAN UNIVERSITY PRESS

中国·广州

图书在版编目（CIP）数据

光电及电子技术实验/张准，钟丽云主编；刘宏展，韦中超副主编 . —广州：暨南大学出版社，2017.6（2019.2 重印）
（高等院校光电专业实验系列教材）
ISBN 978 - 7 - 5668 - 2084 - 6

Ⅰ.①光…　Ⅱ.①张…②钟…③刘…④韦…　Ⅲ.①光电子技术—实验—高等学校—教材　Ⅳ.①TN2 - 33

中国版本图书馆 CIP 数据核字（2017）第 067841 号

光电及电子技术实验

GUANGDIAN JI DIANZI JISHU SHIYAN

主　编：张　准　钟丽云　副主编：刘宏展　韦中超

出　版　人：徐义雄
责任编辑：潘雅琴　崔思远
责任校对：刘雨婷
责任印制：汤慧君　周一丹

出版发行：暨南大学出版社（510630）
电　　话：总编室（8620）85221601
　　　　　营销部（8620）85225284　85228291　85228292（邮购）
传　　真：（8620）85221583（办公室）　85223774（营销部）
网　　址：http：//www.jnupress.com
排　　版：广州良弓广告有限公司
印　　刷：佛山市浩文彩色印刷有限公司
开　　本：787mm×1092mm　1/16
印　　张：11.75
字　　数：268 千
版　　次：2017 年 6 月第 1 版
印　　次：2019 年 2 月第 2 次
定　　价：35.00 元

序

　　光电信息产业是21世纪国家重点支持的战略性产业。为适应光电信息产业发展对人才培养的需求，许多高校都设置了与光电信息产业密切相关的光电信息科学与工程、信息工程、电子信息工程、通信工程、电子科学与技术等本科专业，建立了光电信息实验教学平台，正因如此，对相应实验教材的需求也在不断扩大。

　　广东省光电信息实验教学示范中心（以下简称"中心"）依托华南师范大学光学国家重点学科和信息光电子科技学院，采用"光电信息学科大类"和"光电子勤勤卓越创新人才"培养模式，旨在培养科学研究型、研发应用型和工程应用型光电信息创新人才。

　　经过十几年的艰苦创业和稳步发展，中心已经成为一个学科依托厚实、教学理念明确、课程体系完善、仪器设备齐全、实验内容丰富、教学方法有效、教学团队精干、管理机制科学、专业特色突出、创新人才培养效果显著的光电信息创新人才实验能力培养基地，并编写出这套"高等院校光电专业实验系列教材"。

　　该套光电专业实验系列教材的内容以基础性实验项目为主，将综合性和设计性实验项目融会贯通。教材实验内容层次分明，以满足不同层次学生的实验教学需求；教材实验内容丰富，许多项目设计来自现实中的工程，以满足新兴光电信息产业发展对人才培养的实验教学需求。全套教材共有三个分册，每个分册都包含基础性实验、综合性实验和设计性实验三个部分，供光电信息科学与工程、信息工程、电子信息工程、通信工程、电子科学与技术等专业的本科学生使用，难易程度以及对实验设备的需求与现阶段光电产业的发展相适应。第一分册是《光学实验》，主要围绕工程光学、信息光学、激光原理等课程的基础实验和创新设计等内容编写；第二分册是《光电及电子技术实验》，主要围绕数字电路、模拟电子技术和光电技术等课程的基础实验和光电系统设计等内容编写；第三分册是《光通信与自动控制实验》，主要围绕通信原理、光纤通信、嵌入式系统、计算机网络等课程的基础实验和光通信系统设计等内容编写。

　　本教材是光电专业实验系列教材的第二分册。全书由钟丽云老师统稿，其中数字电路实验部分由张准老师编写，模拟电子技术实验部分由刘宏展老师编写，光电技术实验部分由韦中超老师编写。

　　在编写该套实验教材的过程中，我们参考了许多院校相关专业教材的编写经验，同时，教材的编写得到了广东省教育厅和华南师范大学的大力支持，在此一并感谢。另外，本实验教材来自教学多年的实验讲义，难免存在缺漏和不足之处，敬请使用本教材的师生批评指正。

"高等院校光电专业实验系列教材"编委会

2017年春于广州

目 录

序 ……………………………………………………………………………………… 1

第一编 数字电路实验

第 1 章 数字电路实验概述 …………………………………………………… 3
1.1 数字集成电路的分类、特点及其他基本知识 ……………………………… 3
1.2 常见的数字电路实验箱简介 ………………………………………………… 6
1.3 数字电路实验教学要求（供参考） ………………………………………… 6
第 2 章 数字电路基础实验 ……………………………………………………… 8
2.1 基本门电路与组合逻辑 ……………………………………………………… 8
2.2 译码器的逻辑功能及应用 …………………………………………………… 14
2.3 数据选择器和数值比较器的逻辑功能及应用 ……………………………… 19
2.4 触发器的逻辑功能及应用 …………………………………………………… 23
2.5 计数器的逻辑功能及设计 …………………………………………………… 29
2.6 移位寄存器的逻辑功能及设计 ……………………………………………… 34
2.7 555 时基电路的设计 ………………………………………………………… 37
2.8 ADC0809 模数转换器的使用 ……………………………………………… 42
第 3 章 数字电路综合实验 ……………………………………………………… 47
3.1 Quartus Ⅱ软件使用及门电路实验 ………………………………………… 47
3.2 用 FPGA 实现基本组合逻辑电路 ………………………………………… 58
3.3 基于 FPGA 的数码管显示控制与 LED 点阵控制 ………………………… 61
3.4 基于 FPGA 的 LED 流水灯与按键消抖实验 …………………………… 67
第 4 章 数字电路综合设计 ……………………………………………………… 74
4.1 数字电路综合设计简介 ……………………………………………………… 74
4.2 电路仿真及 PCB 制作初级教程 …………………………………………… 76
4.3 参考选题及要求 ……………………………………………………………… 89

第二编 模拟电子技术实验

第 5 章 模拟电子技术实验 ……………………………………………………… 99
5.1 模拟电子技术实验课须知 …………………………………………………… 99

5.2　单级共射放大电路实验 ·· 101

5.3　阻容耦合两级放大电路实验 ·· 108

5.4　差分放大电路实验 ·· 112

5.5　负反馈放大电路实验 ·· 115

5.6　比例求和运算电路实验 ·· 118

5.7　积分与微分电路实验 ·· 123

5.8　有源滤波器实验 ·· 125

5.9　集成电路 *RC* 正弦波振荡器实验 ································ 128

5.10　互补对称低频功率放大器实验 ·································· 132

5.11　串联稳压电路实验 ·· 136

附录　实验箱简介 ··· 139

第三编　光电技术实验

第6章　光电技术基础实验 ··· 145

6.1　光电实验基础知识 ·· 145

6.2　光敏电阻实验 ·· 148

6.3　光电二极管的特性实验 ·· 153

6.4　光电三极管的特性实验 ·· 158

6.5　光电开关实验（透射式） ·· 163

6.6　红外线反射式光电开关（光耦开关） ························· 165

6.7　光电池实验 ·· 168

6.8　热释电红外传感器实验 ·· 172

6.9　光源及光调制解调实验 ·· 176

6.10　PSD 位置传感器实验 ·· 179

参考文献 ··· 182

第一编　数字电路实验

第 1 章　数字电路实验概述

随着光电子学的发展，数字电子技术在光电子技术领域得到广泛的应用，有很多深入的后续课程为光电子技术的应用及设计服务。本章的主要目的是为光电子学后续课程设计有针对性的实验项目。数字电子技术课程是一门实践性很强的专业技术类基础课，实验教学是数字逻辑电路课程教学的重要环节，通过实验，学生不仅能巩固和加深对数字电子技术理论知识的理解，更能习得构建知识体系的科学方法。具体的学习过程：首先掌握基本的测试手段和方法，其次掌握电平检测、波形测绘和数据处理的方法，再次掌握对核心逻辑器件的个别应用设计，最终能够应用多个逻辑器件进行综合设计，这个过程能切实有效地培养学生理论联系实际和解决实际问题的能力。

1.1　数字集成电路的分类、特点及其他基本知识

在数字电路几乎已完全集成化了的今天，大规模逻辑电路已经成为应用的主流，不过在基础技术课程中，仍然需要通过分块的中规模逻辑电路学习更具体的逻辑电路理论和实验操作，这样才能充分掌握使用数字集成电路的正确方法，以构建数字逻辑系统，这是数字电路课程的核心内容之一。

1.1.1　数字集成电路的分类

数字电路基本都是集成电路，现阶段实验用的大多为中小规模芯片，典型的器件包括译码器、数据选择器、计数器、寄存器和触发器等，超大规模器件以可编程器件CPLD 和 FPGA 两类为主。因此，在数字电路课程的学习中，以中小规模的 IC 学习为基础，奠定硬件设计的基本理念，再进行大规模可编程电路的学习，可达到能应用相关知识进行电路设计的目的。

从集成电路内部看，数字电路主要包括 TTL 和 CMOS 两种典型的双极型和单极型电路，其中最常见的是 74LS 和 74HC 两个系列，因此在实验中经常可看到这两种系列的 IC 应用设计。从逻辑运算角度来看，这两个系列的 IC 是一致的，但在电气特性上有较大的不同，在应用和实验中都要特别注意这两种 IC 各自的特点，在遇到不可预知的问题时尝试换一个角度，从电路器件的电气特性方面进行考虑。

所有电路器件都有使用说明手册，学会查看电路器件手册，尤其是手册提供的参数、极限情况、典型电路等，是电子设计必不可少的技能。因此，每次实验和设计前深入研究可能用到的器件和电路原理，可以事半功倍，研究理解各器件的使用条件也能有效地保护器件。

1.1.2 数字集成电路的特点

1. TTL 器件的特点

（1）输入端有钳位二极管，可以减少反射干扰的影响。

（2）输出电阻低，增强了带容性负载的能力。

（3）具有较大的噪声容限。

（4）采用 +5V 的电源供电。

2. TTL 器件使用注意事项

（1）电源电压应严格保持在 5V ± 10% 的范围内，使用时，应特别注意电源与地线不能接错。另外，实验器材可能同时接有正负电源，正负电源接错也会导致电流过大而造成器件损坏。

（2）多余输入端最好不要悬空，TTL 器件悬空相当于高电平，悬空必须考虑其对电路逻辑态的影响，而且悬空容易受到干扰，应对其进行处理。与门、与非门多余输入端可直接接到高电平上，或通过一个几千欧姆的电阻连接到电源上。若前级驱动能力强，还可以将多余输入端与使用端并接；不用的或门、或非门输入端直接接地，与或非门中不用的与门输入端至少有一个要直接接地；带有扩展端的门电路，其扩展端不允许直接接电源。若输入端通过电阻接地，那么电阻值 R 的大小将直接影响电路所处的状态。当 $R \leqslant 680\Omega$ 时，输入端相当于逻辑"0"；当 $R \geqslant 4.7k\Omega$ 时，输入端相当于逻辑"1"。不同系列的器件要求的阻值不同。

（3）输出端不允许直接接电源或接地，有时为了使后级电路获得较高的输出电平，允许输出端通过电阻 R 接电源，一般取 $R = 3 \sim 5k\Omega$；除集电极开路门和三态门外，不允许直接并联使用。

（4）应考虑电路的负载能力（即扇出系数），要留有余地，以免影响电路的正常工作。扇出系数可通过查阅同系列的器件手册或计算获得。

（5）在高频工作时，应采取缩短引线、屏蔽干扰源等措施，抑制电流的尖峰干扰。

3. CMOS 器件的特点

（1）静态功耗非常低。电源电压 V_{DD} = +5V 的中规模电路的静态功耗小于 $100\mu W$，有利于提高集成度和封装密度，降低成本，减小电源功耗。

（2）电源电压范围比较宽。电压范围是 +3 ~ +18V（不同型号有所不同），从而使电源的选择余地大，电源设计要求低。

（3）输入阻抗很高。正常工作的 CMOS 器件，直流输入阻抗可大于 $100M\Omega$，在工作频率较高时，要注意考虑输入电容的影响。

（4）扇出能力较强。在低频工作时，一个输出端可驱动超过 50 个的 CMOS 器件的输入端，原因是 CMOS 器件的输入电阻高。

（5）抗干扰能力比较强。CMOS 器件的电压噪声容限可达电源电压的 45%，而且高电平和低电平的噪声容限值基本相等。

（6）与 TTL 器件相比，一般 CMOS 器件的工作速度比 TTL 器件低，功率随工作频率的升高而显著增大。

4. CMOS 器件使用注意事项

（1）电源连接和选择：V_{DD} 端接电源正极，V_{SS} 端接电源负极（地）。绝对不可接错，否则器件会因电流过大而损坏。对于电源电压范围为 3 ~ 18V 的器件，如 CC4000 系列，实验中 V_{DD} 端通常接 +5V 电源。V_{DD} 电压选在电源变化范围的中间值，例如电源电压在 +8 ~ +12V 之间变化，则选择 V_{DD} = +10V 较恰当。CMOS 器件在不同的 V_{DD} 值下工作时，其输出阻抗、工作速度和功耗等参数都有所变化。

（2）输入端处理：多余输入端不能悬空。应按逻辑要求接 V_{DD} 或 V_{SS}。对于安装在印刷电路板上的 CMOS 器件，为了避免输入端悬空，应在电路板的输入端接入限流电阻 R_p 和保护电阻 R。当 V_{DD} = +5V 时，R_p 取 5.1kΩ，R 一般取 100k ~ 1MΩ。

（3）输出端处理：输出端不允许直接接 V_{DD} 或 V_{SS}，否则器件会损坏。除三态器件可与输出端并联使用外，不允许两个不同芯片输出端并联使用，同一芯片上的输出端可以并联。

（4）当器件 V_{DD} 端未接通电源时，不允许信号输入，否则会使输入端保护电路中的二极管损坏。

（5）CMOS 器件的输入端和 V_{SS} 端之间接有保护二极管，除了电平变换器等一些接口电路外，输入端和正电源 V_{DD} 端之间也接有保护二极管。因此，在正常运转和焊接 CMOS 器件时，一般不会因感应电荷而损坏器件。但是，在使用 CMOS 器件时，输入信号的低电平不能低于（V_{SS} − 0.5V），除某些接口电路外，输入信号的高电平不得高于（V_{DD} + 0.5V），否则可能引起保护二极管导通甚至损坏，进而可能导致输入级损坏。

1.1.3　数字集成电路的一些基本知识

1. 集成电路管脚的识别

（1）圆形集成电路。识别时，面向管脚俯视，管脚序号从定位销开始，按顺时针方向数依次为 1、2、3…以此类推。

（2）扁平和双列直插型集成电路。识别时，将文字、符号标记向左，面向芯片俯视，从左下管脚数起，按逆时针方向数，依次为 1、2、3…以此类推。标准的 TTL 器件，电源端 V_{CC} 一般排列在左上方，接地端 GND 一般排在右下方。

例如，74LS00 是一个 14 脚的芯片，它的 14 脚为电源，7 脚为地。集成电路芯片管脚上的功能标号 NC，表示该管脚为空脚，与内部电路不连接。

2. 数字逻辑电路的测试

（1）组合逻辑电路的测试。

① 静态测试。输入端分别接到逻辑电平的开关上，用 LED 灯分别显示各输入端和输出端的状态；按真值表将输入信号一组一组依次送入被测电路，测出相应的输出状态，与真值表相比较，判断此组合逻辑电路静态工作的状态是否正确。

②动态测试。在输入端加上周期性信号，用示波器观察输入、输出波形。测出与真值表相符的最高输入脉冲频率。

（2）时序逻辑电路的测试。

①时序逻辑电路测试状态转换的顺序。

②可用 LED 灯、数码管或示波器来观察输出状态的变化。

③常用的测试方法有两种：一种是单脉冲源测试，逐个判断输出状态的变化与状态转换图是否一样；另一种是加入连续的脉冲源，根据用示波器观察到的波形来判断输出波形是否与时序图相符。

1.2　常见的数字电路实验箱简介

在基础实验中通常通过数字电路实验箱进行实验教学，数字电路实验箱是一种集面包板、电源、信号源、脉冲源、输入输出信号指示、各种 IC 插槽、扩展模块为一体的实验系统，非常方便同学们在实验箱中搭设电路。

数字电路实验箱的左部通常是电路的电源，根据实验的需求通常提供两组电源，包括 ±5V 和 GND、±15V（或 ±12V）和 GND。在使用时要特别注意按照芯片的要求进行供电，为了安全起见，必须在搭设完电路并复查后才能给电路供电，特别容易出现的问题是电源正极和地反接、电源正极和负极反接、电源地和负极连接，这些问题都会导致芯片瞬间烧坏。

数字电路实验箱的上部和下部通常是逻辑信号的输入输出指示，下部的一排按钮及其对应的指示灯是逻辑电路的输入逻辑信号的来源，按下和弹开分别表示高电平和低电平。但是器件容易因老化而损坏，导致出现指示灯显示高电平但输出低电平的现象，因此需要经常用万用表测量实际的逻辑输出信号，保证逻辑输出信号正确，然后才能输入逻辑电路的输入端口。实验箱上部同样有一排指示灯，将电路的输出端口与指示灯相连，观察其随着电路运行变化的情况是组合电路和时序电路常见的测试方法。

数字电路实验箱的中部通常是搭设电路的部分，包括各种插槽及对应的外接管脚端口。在实验过程中要根据实验电路的设计配备对应的实验 IC，根据需求搭设出对应的电路。

数字电路实验箱的右边为扩展部分，可以根据实验设计的需求自行插入需要的电路器件，如施密特电路、单稳态电路、多谐振荡器需求的电路器件等。

数字电路实验箱的最下部通常为各种源，包括频率和波形可调的信号源、连续的固定脉冲信号源、连续的可调脉冲信号源、单次的脉冲信号源（通常设计成可输入边沿形式）。同学们可以利用这些辅助信号，完成实验要求的电路设计和课外的电路设计。

通常实验箱均设置有两路保险，包括面板上的保险和箱体内部电源部分的保险，数字电路实验为弱电实验，在面板上操作时不会产生触电现象。当设备烧坏时，根据教师指导进行简单的维修也是电子设计的学习内容。

1.3　数字电路实验教学要求（供参考）

1. 实验教学

（1）上课前认真阅读实验指导书，了解实验内容，明确实验目的，掌握实验原理。

教师对实验预习情况进行检查，签字后方可进行实验。

（2）课前完成预习要求的内容，并按实验指导书要求，在草稿纸上设计记录表格，以备实验时记录和课后整理。否则不准做实验。

（3）实验结束，经教师检查实验数据并签字、登记后方可离开。

（4）按时交实验报告，教师对实验报告进行批改，并根据实验记录和实验报告情况决定是否通过。

（5）缺做两次或两次以上实验或者有两次以上实验未通过者，将得不到本门课程的成绩。

2. 实验报告的要求

（1）统一用实验报告纸认真书写实验报告，并整齐装订成一份。

（2）实验报告的具体内容要求如下：

①实验目的、实验仪器、实验原理。

②课前完成的预习内容包括实验指导书所要求的理论计算、回答问题、设计记录表格等。

③运用实验原理和掌握的理论知识对实验结果进行必要的分析和说明，从而得出正确的结论。

④对实验中存在的一些问题进行讨论，并回答思考题。

⑤对实验方法、实验电路的选择，以及老师的教学方法等提出独特的意见。

3. 实验考核办法

（1）平时成绩考核办法。

①预习报告成绩评定。实验前必须预习，明确实验目的、实验原理和步骤，掌握实验仪器的使用方法，写好预习报告，没有预习不得进行实验。预习报告得分占20%。

②实验操作成绩评定。在掌握实验仪器的使用方法及熟悉实验内容的前提下，操作过程规范，接线无误；通电前经老师检查后，认真细致观测，做好原始数据记录，并经教师签字确认后，整理好仪器设备，方可离开实验室。实验操作得分占50%。

③实验报告成绩评定。学生对原始数据进行分析，发现数据有误差或不符时，不得涂改数据，应回实验室重新取得数据，方可写入实验报告中。实验报告得分占30%。

（2）期末成绩考核办法。

①期末成绩采用实操考试方式。

②实操考试的方法：考试内容为平时做实验应掌握的实验方法、理论知识和实验仪器的使用方法，考试方法为上机实操。实验教师即时评定。

（3）凡单门实验无故缺做1/4者，视为该门实验成绩不合格，应重修该门实验课程。

第 2 章　数字电路基础实验

2.1　基本门电路与组合逻辑

1. 实验目的

（1）熟悉常用的 TTL、CMOS 门电路的逻辑功能及外形和管脚分布。

（2）学习基本组合逻辑电路的搭设及检测。

2. 实验仪器设备

（1）数字电路实验箱。

（2）数字万用表。

（3）数字集成电路：74LS（HC）00　　4 与非门

74LS（HC）02　　4 或非门

74LS（HC）04　　6 非门

74LS（HC）86　　4 异或门

3. 预习要求

（1）复习实验所用芯片的逻辑功能及逻辑函数表达式。

（2）复习实验所用芯片的结构图、管脚图和逻辑功能表。

（3）复习实验所依据的相关原理。

（4）按要求设计实验中的电路。

4. 实验原理

（1）基本逻辑门电路的逻辑功能，包括与非门、或非门、非门和异或门，通过数字万用表检测这些门电路的逻辑功能和高低电平，直观地认识逻辑运算的物理含义，深刻地理解逻辑高电平和逻辑 1 的关系。

（2）通过学习四种基本逻辑门，搭设一个简单的组合逻辑电路，初步认识组合逻辑电路的构成、输入与输出的对应关系，学会用数字万用表检测组合逻辑电路、用 LED 灯观察逻辑状态变化的方法，为后续的实验打下基础。

（3）逻辑函数表达式中，与或表达式是最常见的表达式，但是将与或表达式用逻辑门电路实现的时候，要用的逻辑门电路类型比较多。为了简化逻辑门电路，将与或表达式变换成与非—与非表达式，从而减少所需要的逻辑门类型，达到进一步简化电路结构的目的。本次实验用与非门简单地实现了其他门电路的逻辑功能，初步验证了与非—与非表达式的实现方法。

（4）与非门常用作电控电开关，当 2 输入与非门的一个输入管脚输入信号、与非门的输出端输出信号的时候，另外一个输入管脚的逻辑状态就控制着这一路信号的正常传输，实现了电控电开关的效果。实验给出了逻辑 1 控和逻辑 0 控两种实现方法。

5. 实验 IC 结构图和管脚图

（1）74LS(HC)00　四 2 输入与非门。

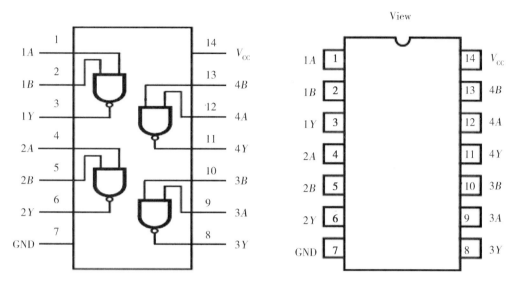

图 2.1.1　74LS(HC)00 的结构图与管脚图

（2）74LS(HC)02　四 2 输入或非门。

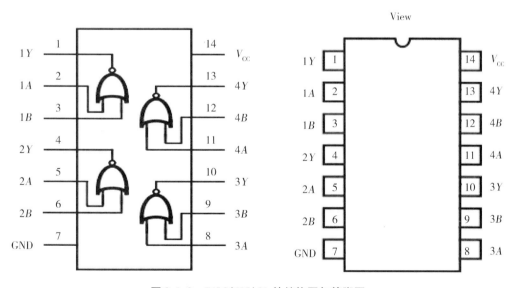

图 2.1.2　74LS(HC)02 的结构图与管脚图

（3）74LS(HC)04　六输入非门。

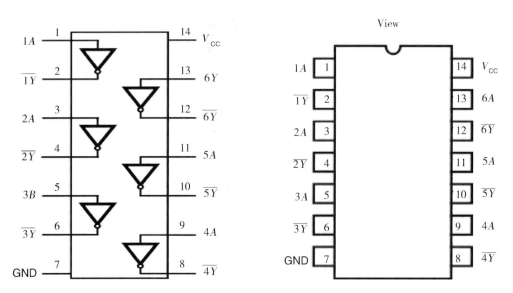

图 2.1.3　74LS(HC)04 的结构图与管脚图

（4）74LS(HC)86　四 2 输入异或门。

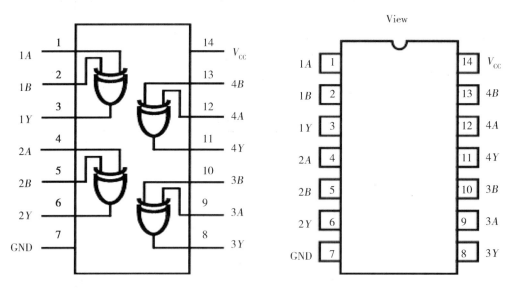

图 2.1.4　74LS(HC)86 的结构图与管脚图

6. 实验内容及步骤

（1）门电路逻辑功能测试（正逻辑约定）。

①与非门逻辑功能测试，有 0 出 1，全 1 出 0。

在四 2 输入与非门 74LS(HC)00 中任选一与非门。在输入端 A、B 分别输入不同的逻辑电平，测试输出端 F 相应的逻辑状态，并把结果记入表 2.1.1 中。

表 2.1.1　74LS(HC)00 的逻辑功能表

输入		输出		输入		输出	
A	B	电压/V	F	A	B	电压/V	F
0	0			1	0		
0	1			1	1		

②或非门功能测试，有 1 出 0，全 0 出 1。

在四 2 输入或非门 74LS(HC)02 中任选一或非门。在输入端 A、B 分别输入不同的逻辑电平，测试输出端 F 相应的逻辑状态，并把结果记入表 2.1.2 中。

表 2.1.2　74LS(HC)02 的逻辑功能表

输入		输出		输入		输出	
A	B	电压/V	F	A	B	电压/V	F
0	0			1	0		
0	1			1	1		

③非门逻辑功能测试，有 1 出 0，有 0 出 1。

在六输入非门 74LS(HC)04 中任选一非门。在输入端 A 分别输入不同的逻辑电平，测试输出端 F 相应的逻辑状态，并把结果记入表 2.1.3 中。

表 2.1.3　74LS(HC)04 的逻辑功能表

输入	输出	
A	电压/V	F
0		
1		

④异或门逻辑功能测试，相同出 0，相反出 1。

在四 2 输入异或门 74LS(HC)86 中任选一异或门。在输入端 A、B 分别输入不同的逻辑电平，测试输出端 F 相应的逻辑状态，并把结果记入表 2.1.4 中。

表 2.1.4　74LS(HC)86 的逻辑功能表

输入		输出		输入		输出	
A	B	电压/V	F	A	B	电压/V	F
0	0			1	0		
0	1			1	1		

（2）逻辑电路的逻辑功能。

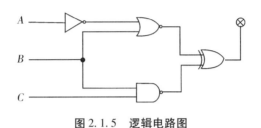

图 2.1.5　逻辑电路图

如图 2.1.5 所示，搭设并测试这个组合逻辑电路的逻辑功能，输入端为 A、B、C，输出端接一 LED 灯，将测试的理论分析与实际观测结果记入表 2.1.5 中。

表 2.1.5　组合逻辑电路验证表

输入			输出 Y	
A	B	C	理论值	观测值
0	0	0		
0	0	1		
0	1	0		
0	1	1		
1	0	0		
1	0	1		
1	1	0		
1	1	1		

（3）用与非门组成其他门电路并测试验证。

①组成非门。

用一片 74LS(HC)00 组成一个非门 $Y = \overline{A \cdot A} = \overline{A \cdot 1} = \overline{A}$，画出电路图，测试并将结果记入表 2.1.6 中。

表 2.1.6　用与非门实现的非逻辑

输入		输出 Y	
A	B	理论值	观测值

②组成或非门。

用一片 74LS(HC)00 组成一个或非门，写出或非门转化为与非门的表达式，画出电路图，测试并将结果记入表 2.1.7 中。

表 2.1.7　用与非门实现的或非逻辑

输入		输出 Y	
A	B	理论值	观测值
0	0		
0	1		
1	0		
1	1		

③组成异或门。

用一片 74LS(HC)00 组成一个异或门，写出异或门转化为与非门的表达式，画出电路图，测试并将结果记入表 2.1.8 中。

表 2.1.8　用与非门实现的异或逻辑

输入		输出 Y	
A	B	理论值	观测值
0	0		
0	1		
1	0		
1	1		

（4）（选做）利用与非门控制输出。

用一片 74LS(HC)00 按图 2.1.6 接线，S 接任一逻辑电平开关，电路的另一输入端输入低频连续脉冲信号（小于 20Hz），输出端 Y 接 LED 灯，可以观察到 S 对输出脉冲的控制作用。

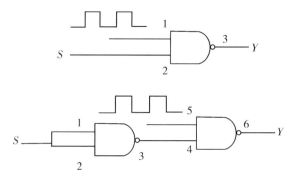

图 2.1.6　逻辑电路图

7. 思考题

（1）怎样判断门电路逻辑功能是否正常？

（2）如果与非门的一个输入端接连续脉冲信号，那么其余端是什么状态时允许脉冲通过？什么状态时禁止脉冲通过？

（3）异或门又称可控反相门，为什么？

（4）总结本次实验的心得。

2.2　译码器的逻辑功能及应用

1. 实验目的

（1）熟悉唯一地址译码器的逻辑功能和使用方法。

（2）熟悉显示译码器的逻辑功能和使用方法。

（3）熟悉利用唯一地址译码器设计逻辑函数的方法。

2. 实验仪器设备

（1）数字电路实验箱。

（2）数字万用表。

（3）数字集成电路：74LS138　　3 线~8 线集成译码器

　　　　　　　　　　74LS00　　　4 与非门

　　　　　　　　　　74LS32　　　4 或门

3. 预习要求

（1）复习实验所用芯片的逻辑功能及逻辑函数表达式。

（2）复习实验所用芯片的结构图和功能表。

（3）复习实验所依据的相关原理。

（4）按要求设计实验中的电路。

4. 实验原理

（1）唯一地址译码器的逻辑功能和使用方法。唯一地址译码器输入的信号是地址信号，根据输入的信号在对应位置的输出端口产生对应的输出，具体要使用 74LS138。

这个 IC 输入地址是 3 位二进制数，对应着 8 个输出端口。当输入 000 时，在 Y_0 端口产生一个低电平的输出；当输入 001 时，在 Y_1 端口产生一个低电平的输出……以此类推。要使 74LS138 正常工作，必须使 G_{2A}、G_{2B} 处于低电平，G_1 处于高电平。

（2）唯一地址译码器可以很容易地实现脉冲分配器的功能。当脉冲信号从译码器的使能端（低电平有效）输入时，改变地址编码 ABC 就可以观察到脉冲信号被分配到了对应的输出端口。这是因为当脉冲信号是低电平的时候译码器正常工作，对应的输出端口输出低电平；当脉冲信号是高电平的时候，译码器不工作，对应的输出端口输出高电平。对于脉冲信号来说，这相当于一个完整的脉冲信号被传输到了相应的位置，此时也可以将脉冲信号接到高电平有效的使能端，输出的脉冲信号就是原信号的反相。

（3）用唯一地址译码器 74LS138 可以设计任意三变量逻辑函数。由于 74LS138 的输出端对应着三变量逻辑函数的 8 个最小项的非，要设计任意三变量逻辑函数，须以 ABC 作为变量，以这个逻辑函数包含的最小项对应的输出端口接入一多输入与非门，这时与非门的输出就是逻辑函数的输出。如果没有多输入与非门，可以采用 2 输入与非门加 2 输入或门的组合产生逻辑函数的输出。

（4）显示译码器是用来驱动对应数码管的器件，数码管是多个 LED 灯的集合。显示译码器的输入是二进制数，输出是对应的十进制数字符，因此译码器的输出根据十进制数的字符显示效果来定义，显示译码器有共阴极和共阳极的区分，必须根据实际选用。

5. 实验 IC 结构图和功能表

（1）74LS138　3 线~8 线集成译码器。

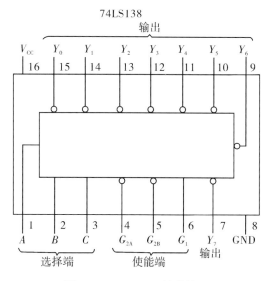

图 2.2.1　74LS138 的结构图

表 2.2.1　74LS138 的功能表

输入					输出							
使能		选择										
G_1	G_2（Note 1）	C	B	A	Y_0	Y_1	Y_2	Y_3	Y_4	Y_5	Y_6	Y_7
X	H	X	X	X	H	H	H	H	H	H	H	H
L	X	X	X	X	H	H	H	H	H	H	H	H
H	L	L	L	L	L	H	H	H	H	H	H	H
H	L	L	L	H	H	L	H	H	H	H	H	H
H	L	L	H	L	H	H	L	H	H	H	H	H
H	L	L	H	H	H	H	H	L	H	H	H	H
H	L	H	L	L	H	H	H	H	L	H	H	H
H	L	H	L	H	H	H	H	H	H	L	H	H
H	L	H	H	L	H	H	H	H	H	H	L	H
H	L	H	H	H	H	H	H	H	H	H	H	L

（2）74LS32　4 或门。

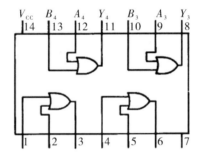

图 2.2.2　74LS32 的结构图

表 2.2.2　74LS32 的功能表

输入		输出
A	B	Y
L	L	L
L	H	H
H	L	H
H	H	H

6. 实验内容及步骤

（1）3 线~8 线集成译码器 74LS138 逻辑功能测试及应用。

用逻辑开关作为 74LS138 的输入信号，改变输入端 CBA 的逻辑开关状态（000~

111)，用 0 ~ 1 显示并记录输出端 $\overline{Y}_0$ ~ $\overline{Y}_7$ 的逻辑状态，并把结果记入表2.2.3 中。

表 2.2.3　74LS138 的功能表

序号	输入					输出							
	G_1	$G_{2A} + G_{2B}$	C	B	A	$\overline{Y}_0$	$\overline{Y}_1$	$\overline{Y}_2$	$\overline{Y}_3$	$\overline{Y}_4$	$\overline{Y}_5$	$\overline{Y}_6$	$\overline{Y}_7$
0	1	0	0	0	0								
1	1	0	0	0	1								
2	1	0	0	1	0								
3	1	0	0	1	1								
4	1	0	1	0	0								
5	1	0	1	0	1								
6	1	0	1	1	0								
7	1	0	1	1	1								
禁止	0	Φ	Φ	Φ	Φ								
	Φ	1	Φ	Φ	Φ								

（2）译码器作脉冲分配器。

3 线 ~ 8 线集成译码器 74LS138 的使能端 G_1 加高电平，小于20Hz 连续脉冲信号加到 G_{2A}、G_{2B} 其中一端（另一端接地），输入端 CBA 作为地址码输入，由地址码决定被选通道。依次改变 CBA 的逻辑开关状态（000 ~ 111），观察输出端 $\overline{Y}_0$ ~ $\overline{Y}_7$ 的变化，并具体分析。

注：小于20Hz 的连续脉冲信号从实验箱中获得，不得使用信号发生器。

（3）由译码器和门电路构成的组合逻辑电路。

根据图 2.2.3 所示的组合逻辑电路图，改变输入端 CBA 的逻辑开关状态（000 ~ 111），观察并记录输出端 F_1 和 F_2 的逻辑状态。把结果填入表2.2.4 中，并指出此电路能够完成的逻辑功能。

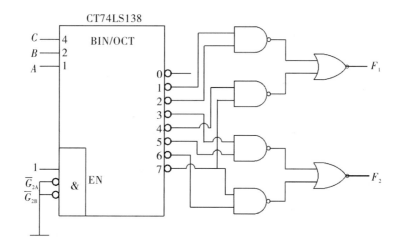

图 2.2.3　译码器和门电路组成的组合逻辑电路

表 2.2.4　真值表

C	B	A	F_1	F_2
0	0	0		
0	0	1		
0	1	0		
0	1	1		
1	0	0		
1	0	1		
1	1	0		
1	1	1		

（4）用 74LS138 设计任意逻辑函数。

$Y = \overline{C}A\overline{B} + \overline{A} \cdot \overline{C} + BC$（可取任意函数）

要求如下：

①转换成用最小项的表达式。

②根据表达式转换成用 138 输出实现的形式。

③画出接线图。

④通过实验验证其逻辑功能。

（5）显示译码器与数码管的使用。

在实验箱中，将数码管的四个输入端分别接入四个逻辑开关，给定输入信号（0000～1111），观察数码管的显示并记录（表格自拟）。

7. 思考题

（1）可否用 +5V 的直流电压直接接到 LED 数码管的各段输入端检查该管的好坏，

为什么？

（2）共阴极和共阳极 LED 数码管显示器有什么区别？

（3）用唯一地址译码器设计任意三变量逻辑函数的方法是什么？

（4）总结本次实验的心得。

2.3　数据选择器和数值比较器的逻辑功能及应用

1. 实验目的

（1）熟悉数据选择器的逻辑功能和使用方法。

（2）熟悉数值比较器的逻辑功能和使用方法。

（3）掌握数据选择器的一般应用。

（4）熟悉全加器的逻辑功能和用数据选择器实现的方法。

2. 实验仪器设备

（1）数字电路实验箱。

（2）数字万用表。

（3）数字集成电路：
74HC283　　4 位数值比较器
74HC151　　8 选 1 数据选择器
74HC85　　 4 位数值比较器
74HC32　　 4 或门

3. 预习要求

（1）复习实验所用芯片的逻辑功能及逻辑函数表达式。

（2）复习实验所用芯片的结构图和功能表。

（3）复习实验所依据的相关原理。

（4）按要求设计实验中的电路。

4. 实验原理

（1）数据选择器的逻辑功能和使用方法。数据选择器的逻辑功能是通过控制端口选择输入端口，将输入端口的数据送到输出端口。例如 74HC151 是一个 8 选 1 的数据选择器，具有 A、B、C 三个控制端口，当 ABC 是 000 的时候，数据选择器选择了 D_0 的数据送到输出端口 Y；当 ABC 是 001 的时候，数据选择器选择了 D_1 的数据送到输出端口 Y……以此类推。当数据选择器 74HC151 正常工作时，store 端口须为低电平。数据选择器除了具有输出端口 Y 外，还有与其反相的输出端口 W，可以根据后续电路的需要进行选用。

（2）数值比较器的逻辑功能和使用方法。数值比较器的逻辑功能是比较输入的两组二进制数的大小并产生对应的比较结果输出，比较结果包括三种：大于、小于和等于，在三个不同的端口输出这三种比较结果的逻辑状态，N 位的数值比较器输出都为这三种结果。74HC283 是一个 4 位数值比较器，因此有八个输入端口，构成两个四位二进制数的输入。除此之外，74HC283 还有三个输入端口 I，分别表示来自低位比较器的比较结果，用于级联构成更多位的比较器，如果是最低位 IC，则要对端口 I 进行处理。

19

（3）全加器的逻辑功能。一位全加器包括三个输入端和两个输出端，输入端分别是加数、被加数和来自低位的进位，输出端是加的结果和向高位的进位，即两条三变量的逻辑函数表达式，因此可以用74HC151实现。

（4）用74HC151实现任意三变量逻辑函数。74HC151的输出端口 Y 可以很容易地实现控制端 ABC 的逻辑函数，只要将逻辑函数转换成用最小项表达的形式即可。74HC151的输入端口 D 对应着8个三变量逻辑函数的最小项，要实现的逻辑函数包括的最小项对应的 DI 连接逻辑电平1，不包括的最小项对应的 DI 连接逻辑电平0，即可实现 Y 是 ABC 的三变量逻辑函数。

5. 实验IC结构图和真值表

（1）74HC151 8选1数据选择器。

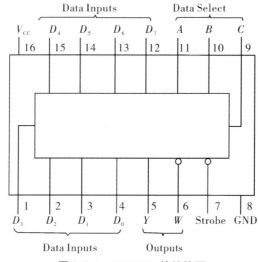

图2.3.1 74HC151的结构图

表2.3.1 74HC151的真值表

Inputs				Outputs	
Select			Strobe	Y	W
C	B	A			
×	×	×	H	L	H
L	L	L	L	D_0	$\overline{D_0}$
L	L	H	L	D_1	$\overline{D_1}$
L	H	L	L	D_2	$\overline{D_2}$
L	H	H	L	D_3	$\overline{D_3}$
H	L	L	L	D_4	$\overline{D_4}$
H	L	H	L	D_5	$\overline{D_5}$
H	H	L	L	D_6	$\overline{D_6}$
H	H	H	L	D_7	$\overline{D_7}$

（2）74HC85 4 位数值比较器。

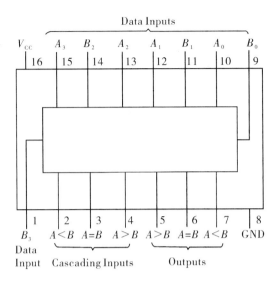

图 2.3.2 74HC85 的结构图

表 2.3.2 74HC85 的功能表

Comparing Inputs				Cascading Inputs			Outputs		
A_3 B_3	A_2 B_2	A_1 B_1	A_0 B_0	$A > B$	$A < B$	$A = B$	$A > B$	$A < B$	$A = B$
$A_3 > B_3$	×	×	×	×	×	×	H	L	L
$A_3 < B_3$	×	×	×	×	×	×	L	H	L
$A_3 = B_3$	$A_2 > B_2$	×	×	×	×	×	H	L	L
$A_3 = B_3$	$A_2 < B_2$	×	×	×	×	×	L	H	L
$A_3 = B_3$	$A_2 = B_2$	$A_1 > B_1$	×	×	×	×	H	L	L
$A_3 = B_3$	$A_2 = B_2$	$A_1 < B_1$	×	×	×	×	L	H	L
$A_3 = B_3$	$A_2 = B_2$	$A_1 = B_1$	$A_0 > B_0$	×	×	×	H	L	L
$A_3 = B_3$	$A_2 = B_2$	$A_1 = B_1$	$A_0 < B_0$	×	×	×	L	H	L
$A_3 = B_3$	$A_2 = B_2$	$A_1 = B_1$	$A_0 = B_0$	H	L	L	H	L	L
$A_3 = B_3$	$A_2 = B_2$	$A_1 = B_1$	$A_0 = B_0$	L	H	L	L	H	L
$A_3 = B_3$	$A_2 = B_2$	$A_1 = B_1$	$A_0 = B_0$	L	L	H	L	L	H
$A_3 = B_3$	$A_2 = B_2$	$A_1 = B_1$	$A_0 = B_0$	×	×	H	L	L	H
$A_3 = B_3$	$A_2 = B_2$	$A_1 = B_1$	$A_0 = B_0$	H	H	L	L	L	L
$A_3 = B_3$	$A_2 = B_2$	$A_1 = B_1$	$A_0 = B_0$	L	L	L	H	H	L

6. 实验内容及步骤

（1）数据选择器的逻辑功能测试。

表 2.3.3　74HC151 的真值表

输入			控制端	输出
A	B	C		
0	0	0		
0	0	1		
0	1	0		
0	1	1		
1	0	0		
1	0	1		
1	1	0		
1	1	1		
×	×	×		

（2）数值比较器的逻辑功能测试（表格自拟）。

（3）用 74HC151 设计一位全加器。

其模型如图 2.3.3 所示，要求如下：

①画出真值表。

②写出两条相关的最小项表达式。

③画出接线图。

④实验验证其逻辑功能。

图 2.3.3　全加器模型图

表 2.3.4　真值表

C	B	A	F_1	F_2
0	0	0		
0	0	1		
0	1	0		

（续上表）

C	B	A	F_1	F_2
0	1	1		
1	0	0		
1	0	1		
1	1	0		
1	1	1		

（4）应用 74HC151 和 74HC138 设计一个 8 位数据传输电路，其功能是将 8 个输入数据中的任何一个传送到 8 个输出端中的任何一个输出端，如何连接？试画出接线图。

7. 思考题

（1）用数据选择器和唯一地址译码器设计任意三变量逻辑函数有什么不同的特点？

（2）数值比较器如何扩展输入端口数目？

（3）总结本次实验的心得。

2.4　触发器的逻辑功能及应用

1. 实验目的

（1）熟悉 D 触发器和 JK 触发器的逻辑功能。

（2）初步认识时序逻辑电路的结构。

（3）熟悉分频器的逻辑功能和结构。

（4）认识寄存器的逻辑功能和结构。

（5）了解触发器逻辑功能的相互转换。

2. 实验仪器设备

（1）数字电路实验箱。

（2）数字万用表。

（3）数字集成电路：74HC74　　双 D 触发器

74HC112　　双 JK 触发器

74HC174　　六 D 触发器

（4）示波器。

3. 预习要求

（1）复习实验所用芯片的逻辑功能及逻辑函数表达式。

（2）复习实验所用芯片的结构图和功能表。

（3）复习实验所依据的相关原理。

（4）按要求设计实验中的电路。

4. 实验原理

（1）触发器的逻辑功能和使用。触发器是组成时序逻辑电路的基本元件，是引入时钟的部件。触发器的逻辑功能是保存一位二进制数据，这个被保存的二进制数据将在激励端口、时钟端口的作用下刷新。激励端口控制其刷新成什么数据，时钟端口控制其什么时候刷新数据。正是触发器的可控存储作用为时序电路的设计奠定了基础。

（2）D 触发器的逻辑功能。D 触发器的激励是端口 D 的输入，输出的状态变化过程是次态由激励端口 D 的输入决定的，所以 D 触发器的次态是由时钟控制下输入端口 D 的数据进行刷新的，由此可以很容易地构造出寄存器的硬件电路。

（3）JK 触发器的逻辑功能。JK 触发器有两个激励端口 J 和 K，构造了 00、01、10、11 四种状态，使得 JK 触发器具有四种不同的控制刷新功能，分别是保存、置 0、置 1、翻转。JK 触发器的学习必须围绕这四种功能展开，并且要求学生深刻地理解边沿触发的物理现象。

（4）时序逻辑电路的搭设。时序逻辑电路包括触发器和组合电路，触发器存储了二进制状态，将这个初态反馈到输入端口，这时电路的次态由电路的输入和电路的初态共同决定，因此，时序电路的搭设必须包括触发器、组合电路以及反馈。本次实验初步认识用触发器和组合电路搭设时序逻辑电路，以及什么是时序，时序的物理现象。

（5）分频器的物理现象。分频器是一种表明输入信号频率和输出信号频率关系的器件，二分频器件的物理现象是：输出频率是输入频率的一半，实现了二分频的功能。用 D 触发器构造的分频器能让同学们直观地理解什么是分频。

（6）寄存器的结构。寄存器是存储多位二进制数的器件，触发器是存储一位二进制数的器件，因此由多个 D 触发器可以很容易地构造出寄存器。寄存器是数字电路常见的硬件结构，本次实验用多个 D 触发器搭设了寄存器的结构，通过时钟电路控制寄存器实时刷新数据，让同学们直观地理解什么是寄存器。

（7）触发器的转换。D 触发器是最常用的触发器，JK 触发器是功能最齐全的触发器，这两种触发器可以很容易地实现向其他类型触发器的转换。通过组合电路的搭设配合激励端口的产生，当特殊应用中需要用到的触发器现实设计中没有的时候，可以通过转换产生的触发器顺利地完成设计。

5. 实验 IC 结构图和功能表

（1）74HC74 双 D 触发器（带预置和清零）。

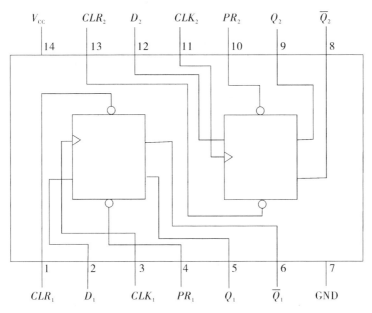

图 2.4.1 74HC74 的结构图

表 2.4.1 74HC74 的功能表

输入				输出	
PR	CLR	CLK	D	Q	$\overline{Q}$
L	H	×	×	H	L
H	L	×	×	L	H
L	L	×	×	H（Note 1）	H（Note 1）
H	H	↑	H	H	L
H	H	↑	L	L	H
H	H	L	×	Q_0	$\overline{Q}_0$

（2）74HC112 双 *JK* 触发器（负沿触发、带清零和预置）。

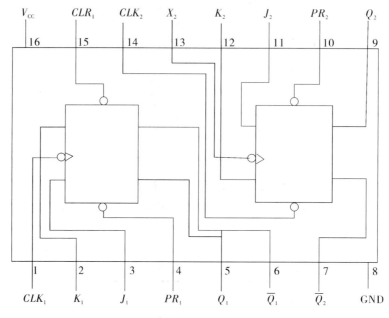

图2.4.2　74HC112 的结构图

表2.4.2　74HC112 的功能表

输入					输出	
PR	*CLR*	*CLK*	*J*	*K*	*Q*	$\overline{Q}$
L	H	×	×	×	H	L
H	L	×	×	×	L	H
L	L	×	×	×	H（Note 1）	H（Note 1）
H	H	↓	L	L	Q_0	$\overline{Q}_0$
H	H	↓	H	L	H	L
H	H	↓	L	H	L	H
H	H	↓	H	H	Toggle	
H	H	H	×	×	Q_0	$\overline{Q}_0$

6. 实验内容及步骤

（1）*D* 触发器逻辑功能测试。

将双 *D* 触发器 74HC74 中的一个触发器的 $\overline{R}_d$、$\overline{S}_d$ 和 *D* 输入端分别接逻辑开关，*CP* 端输入单脉冲信号，输出端 *Q* 和 $\overline{Q}$ 分别接发光二极管。根据输出端状态，填表2.4.3。

表 2.4.3　D 触发器的逻辑功能表

输入				输出	
$\overline{S}_{d}$	$\overline{R}_{d}$	CP	D	Q	$\overline{Q}$
0	1	×	×		
1	0	×	×		
1	1	↑	1		
1	1	↑	0		

（2）JK 触发器逻辑功能测试。

①用 $\overline{S}_{d}$、$\overline{R}_{d}$ 的置位和复位功能实现状态 Q^{n}（初态）为 0 或 1。

②用单脉冲按键，当按键按下和松开时分别得到单脉冲的上升沿和下降沿，观察 JK 触发器在时钟的哪个边沿工作。

表 2.4.4　JK 触发器的功能表

J	K	CP	Q^{n+1}	
			$Q^{n}=0$	$Q^{n}=1$
0	0	↑		
		↓		
0	1	↑		
		↓		
1	0	↑		
		↓		
1	1	↑		
		↓		

（3）时序逻辑电路的搭设及测试。

按图 2.4.3 连接线路，在 CP 端输入单脉冲信号，观察并分别记录输出端 $Q_{2}Q_{1}$ 的变化情况，把结果填入表 2.4.5 中，说明此电路能够完成的逻辑功能。

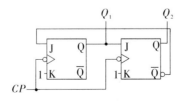

图 2.4.3　时序逻辑电路图

表 2.4.5　时序逻辑电路状态

CP	Q_2	Q_1
0		
1		
2		
3		

（4）D 触发器的应用（74HC74 – 双 D 触发器、74HC174 – 六 D 触发器）。

①图 2.4.4 是用 D 触发器组成的二分频电路，在 CP 端输入 1kHz 连续脉冲信号，用双踪示波器同时观察输入脉冲和输出端 Q 端的波形。记录两个波形图。

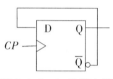

图 2.4.4　二分频电路

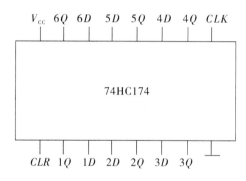

图 2.4.5　74HC174 的结构图

②用 4 个 D 触发器组成 4 位并行寄存器，如图 2.4.6 所示（使用 74HC174 – 6D 触发器构成电路）。清零后给数据输入端 $D_1 D_2 D_3 D_4$ 输入数据，在 CP 端加单脉冲信号，观察输出端 $Q_1 Q_2 Q_3 Q_4$ 的变化。制表并记录几组数据。

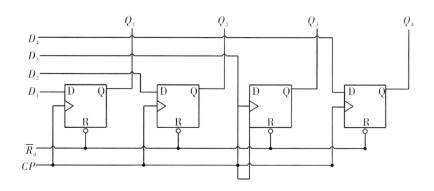

图 2.4.6 4 位并存寄存器结构图

（5）触发器逻辑功能的转换。

①将 JK 触发器转换成 D 触发器、T 触发器和 T' 触发器，测试方法自拟。

②将 D 触发器转换成 JK 触发器、T 触发器和 T' 触发器，测试方法自拟。

7. 思考题

（1）用与非门构成的基本 RS 触发器的约束条件是什么？如果改用或非门构成基本 RS 触发器，约束条件又是什么？

（2）总结各类触发器的特点。

（3）根据本次实验的经验设计一个 16 分频电路。

（4）总结本次实验的心得。

2.5 计数器的逻辑功能及设计

1. 实验目的

（1）熟悉同步 4 位二进制计数器的逻辑功能和使用方法。

（2）熟悉双二－五－十进制计数器的逻辑功能和使用方法。

（3）熟悉利用中规模集成计数器芯片来设计任意进制计数器的方法。

（4）初步理解数字电路系统的设计方法（以数字钟设计为例）。

2. 实验仪器设备

（1）数字电路实验箱。

（2）数字万用表。

（3）数字集成电路：74HC161　　4 位二进制计数器

　　　　　　　　　　74HC390　　双二－五－十进制计数器

　　　　　　　　　　74HC00　　　4 与非门

　　　　　　　　　　74HC08　　　4 与门

　　　　　　　　　　74HC32　　　4 或门

3. 预习要求

（1）复习实验所用芯片的逻辑功能及逻辑函数表达式。

（2）复习实验所用芯片的结构图和功能表。

（3）复习实验所依据的相关原理。

（4）按要求设计实验中的电路。

4. 实验原理

（1）计数器是一个用以实现计数功能的时序逻辑部件，它不仅可以用来对脉冲进行计数，还常用于数字系统的定时、分频和执行数字运算以及其他特定的逻辑功能。计数器的种类很多，按构成计数器中的各触发器是否使用一个时钟脉冲源来分，有同步计数器和异步计数器；根据计数进制的不同，分为二进制、十进制和任意进制计数器；根据计数的增减趋势分为加法、减法和可逆计数器；还有可预置数和可编程功能计数器等。

（2）利用集成计数器芯片设计任意（N）进制计数器的方法。

①反馈归零法。反馈归零法是利用计数器清零端的清零作用，截取计数过程中的某一个中间状态控制清零端，使计数器由此状态返回到零重新开始计数。把模数大的计数器改成模数小的计数器，关键是清零信号的选择。异步清零方式以 N 作为清零信号或反馈识别码，其有效循环状态为 $0 \sim N-1$；同步清零方式以 $N-1$ 作为反馈识别码，其有效循环状态为 $0 \sim N-1$。还要注意清零端有效电平的高低，以确定用与门还是与非门来引导。

②反馈置数法。反馈置数法是利用具有置数功能的计数器，截取从 N_b 到 N_a 之间的 N 个有效状态构成 N 进制计数器。其方法是当计数器的状态循环到 N_a 时，由 N_a 构成的反馈信号提供置数指令，由于事先将并行置数数据输入端置成了 N_b 的状态，所以当置数指令到来时，计数器输出端被置成 N_b，再对脉冲进行计数，计数器在 N_b 的基础上继续计数至 N_a，又进行新一轮置数、计数，其关键是反馈识别码的确定与芯片的置数方式有关。异步置数方式以 $N_a = N_b + N$ 作为反馈识别码，其有效循环状态为 $N_b \sim N_a$；同步置数方式以 $N_a = N_b + N - 1$ 作为反馈识别码，其有效循环状态为 $N_b \sim N_a$。还要注意置数端的有效电平，以确定用与门还是与非门来引导。

（3）74HC161 同步 4 位二进制计数器。该计数器具有异步清零端口和同步预置数端口，两个端口都是低电平有效，可以采用归零法和置数法来设计任意进制计数器。IC 还具有两个使能端，当两个使能端处于高电平时，计数器正常计数。IC 具有进位端口，可以很方便地级联多个计数器进行扩展。该计数器时钟端口为上升沿触发。

（4）74HC390 双二 – 五 – 十进制计数器。该计数器内部有两个独立的二 – 五 – 十进制计数器，两个计数器均有两个时钟，必须进行初步连接后才能构造出十进制计数器。使用 Q_0 接 CP_1 的连接方式，时钟从 CP_0 进入，此时是 8421 码的十进制计数器；使用 Q_3 接 CP_0 的连接方式，时钟从 CP_1 进入，此时是 5421 码的十进制计数器。该计数器具有清零端口，高电平有效，该计数器时钟端口为下降沿触发。

（5）数字钟。基本的数字钟电路包括两个六十进制和一个二十四进制计数器，因此，本次实验要求同学们设计并搭设一个简易的数字钟。先搭设一个六进制计数器

（可以采用清零法，如出现竞争冒险可改用预置数法），由六进制和已经有的十进制计数器级联构成六十进制计数器，由整体复位法搭设二十四进制计数器，将六十进制计数器和二十四进制计数器级联得到简易的数字钟模型。

5. 实验 IC 结构图和功能表

（1）74HC161 同步 4 位二进制计数器。

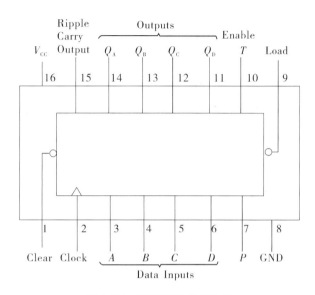

图 2.5.1 74HC161 的结构图

表 2.5.1 74HC161 的功能表

∗SR	PE	CET	CEP	上升沿触发（⌐）
L	×	×	×	RESET（Clear）
H	L	×	×	LOAD（P_n Q_n）
H	H	H	H	COUNT（Increment）
H	H	L	×	NO CHANGE（Hold）
H	H	×	L	NO CHANGE（Hold）

（2）74HC390　双二－五－十进制计数器。

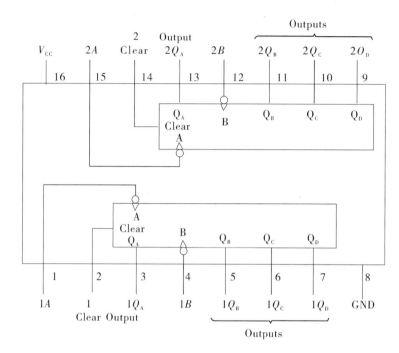

图 2.5.2　74HC390 的结构图

表 2.5.2　74HC390 的功能表

BCD计数顺序（注A）				五－二进制计数顺序（注B）			
计数	输出			计数	输出		
	Q_D	Q_C	Q_B	Q_A		Q_A	Q_D	Q_C	Q_B
0	L	L	L	L	0	L	L	L	L
1	L	L	L	H	1	L	L	L	H
2	L	L	H	L	2	L	L	H	L
3	L	L	H	H	3	L	L	H	H
4	L	H	L	L	4	L	H	L	L
5	L	H	L	H	5	H	L	L	L
6	L	H	H	L	6	H	L	L	H
7	L	H	H	H	7	H	L	H	L
8	H	L	L	L	8	H	L	H	H
9	H	L	L	H	9	H	H	L	L

6. 实验内容及步骤

（1）测试 74HC161 的逻辑功能，根据测试结果总结并描述其逻辑功能，表格自行完善。

表 2.5.3　74HC161 的功能表

输入					输出
CP	CR	Enp	Ent	Load	文字描述功能
Φ	0				
Φ	1				
Φ	1				
Φ	1				
↑	1				
↑	1				

（2）测试 74HC390 的逻辑功能，根据测试结果总结并描述其逻辑功能，表格自行完善。

表 2.5.4　74HC390 的功能表

输入			输出
CP_A	CP_B	CR	文字描述功能

（3）用 74HC161 和 74HC390 构成 N 进制计数器（利用数码管显示）。

① 用 74HC161 设计六进制计数器。

a. 写出设计方案。

b. 画出逻辑图。

c. 通过实验验证其逻辑功能。

②用一片 74HC161 和一片 74HC390 构成六十进制计数器。

a. 写出设计方案，指出个位与十位的进位如何获得。

b. 画出接线图。

c. 通过实验验证其逻辑功能。

③用一片 74HC161 和一片 74HC390 构成二十四进制计数器。

a. 写出设计方案，特别指出个位与十位的级联如何设计。

b. 画出接线图。

c. 通过实验验证其逻辑功能。

④级联六十进制计数器和二十四进制计数器。

a. 写出设计方案，特别指出六十进制与二十四进制的级联如何设计。

b. 画出接线图。

c. 通过实验验证其逻辑功能。

7. 思考题

（1）解决电路自启动问题有哪些方法？

（2）在采用中规模集成计数器构成 N 进制计数器时，应采用哪两种方法，两者有何区别？

（3）为什么在搭设六进制计数器过程中会遇到竞争冒险现象？

（4）描述你学习进位信号后有何心得。

（5）总结本次实验的心得。

2.6　移位寄存器的逻辑功能及设计

1. 实验目的

（1）熟悉移位寄存器的逻辑功能和使用方法。

（2）掌握 IC 多种工作模式的硬件设计方法。

（3）掌握流水灯的设计方法。

2. 实验仪器设备

（1）数字电路实验箱。

（2）数字万用表。

（3）数字集成电路：74LS194　　多功能双向移位寄存器

74LS00　　4 与非门

74LS08　　4 与门

74LS32　　4 或门

3. 预习要求

（1）复习实验所用芯片的逻辑功能及逻辑函数表达式。

（2）复习实验所用芯片的结构图和功能表。

（3）复习实验所依据的相关原理。

（4）按要求设计实验中的电路。

4. 实验原理

（1）移位寄存器是一个具有移位功能的寄存器，寄存器中所存的代码能够在移位脉冲的作用下依次左移或右移。既能左移又能右移的称为双向移位寄存器，改变左、右移的控制信号便可实现双向移位。根据移位寄存器存取信息的不同方式分为串入串出、串入并出、并入串出、并入并出四种形式。

（2）74LS194 是 4 位双向通用移位寄存器，具有异步清零功能，清零端输入低电平信号，四个输出端都立即变为"0"。在使能端无效时，输入端 S_1S_0 电平决定 74LS194 的四种工作方式。$S_1S_0 =11$，并行预置数，在时钟上升沿，并行输入数据 $D_3\,D_2\,D_1\,D_0$ 预置到并行输出端；$S_1S_0 =10$，左移寄存，左移输入端 D_{SL} 输入数据寄存到 Q_0，各位数据向高位移动；$S_1S_0 =01$，右移寄存，右移输入端 D_{SR} 输入数据寄存到 Q_3，各位数据向低位移动；$S_1S_0 =00$，寄存器处于保持工作方式状态不变，如图 2.6.1 所示。

（3）环形计数器。用移位寄存器可以很容易地设计出环形计数器，只要将串出接口接回串入接口，预置一个不是全 1 或者全 0 的状态，即可以得到一个环形计数器，它具有四种不同的工作状态。

（4）扭环形计数器。普通环形计数器的有效状态过少，加入各种门电路后可以有效地增加其循环的状态数，这种在移位寄存器的基础上加入门电路构造的计数器称为扭环形计数器。

（5）流水灯。将扭环形或者环形计数器时钟端口输入连续脉冲信号，当输出端口有 4 个 LED 显示时，即可看到流水灯的效果。

5. 实验 IC 结构图和功能表

74LS194 的结构图和功能表如下所示。

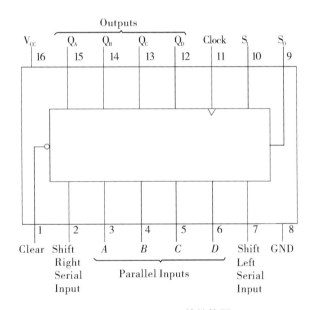

图 2.6.1　74LS194 的结构图

表2.6.1　74LS194 的功能表

输入									输出			
$\overline{CR}$	模式		CP	串行		并行				Q_A	Q_B	Q_C	Q_D
	M_0			D_{SR} D_{SL}		D_0	D_1	D_2	D_3				
0	Φ	Φ	Φ	Φ	Φ	Φ	Φ	Φ	Φ	L	L	L	L
1	Φ	Φ	0	Φ	Φ	Φ	Φ	Φ	Φ	Q_{A0}	Q_{B0}	Q_{C0}	Q_{A0}
1	1	1	↑	Φ	Φ	d	d	d	d	a	b	c	d
1	0	1	↑	Φ	1	Φ	Φ	Φ	Φ	H	Q_{An}	Q_{Bn}	Q_{Cn}
1	0	1	↑	Φ	0	Φ	Φ	Φ	Φ	L	Q_{An}	Q_{Bn}	Q_{Cn}
1	1	0	↑	1	Φ	Φ	Φ	Φ	Φ	Q_{Bn}	Q_{Cn}	Q_{Dn}	H
1	1	0	↑	0	Φ	Φ	Φ	Φ	Φ	Q_{Bn}	Q_{Cn}	Q_{Dn}	L
1	0	0	Φ	Φ	Φ	Φ	Φ	Φ	Φ	Q_{A0}	Q_{B0}	Q_{C0}	Q_{A0}

6. 实验内容及步骤

（1）测试74LS194 的逻辑功能，根据测试结果总结并描述其逻辑功能。

表2.6.2　74LS194 的功能表

输入										输出				功能
$\overline{CR}$	模式		CP	串行		并行				Q_A	Q_B	Q_C	Q_D	
	M_0	M_1		D_{SR}	D_{SL}	D_0	D_1	D_2	D_3					
0	Φ	Φ	Φ	Φ	Φ	Φ	Φ	Φ	Φ					
1	Φ	Φ	0	Φ	Φ	Φ	Φ	Φ	Φ					
1	1	1	↑	Φ	Φ	d	d	d	d					
1	0	1	↑	Φ	1	Φ	Φ	Φ	Φ					
1	0	1	↑	Φ	0	Φ	Φ	Φ	Φ					
1	1	0	↑	1	Φ	Φ	Φ	Φ	Φ					
1	1	0	↑	0	Φ	Φ	Φ	Φ	Φ					
1	0	0	Φ	Φ	Φ	Φ	Φ	Φ	Φ					

（2）组装电路并测试逻辑功能。

用74LS194 和与非门组成的电路如图2.6.2 所示。在 CP 脉冲的作用下，观察并记录输出端 $Q_0Q_1Q_2Q_3$ 的状态，说明此电路能够完成的逻辑功能。

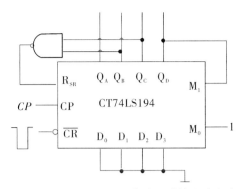

图 2.6.2 74LS194 和门电路组成的实验电路

（3）应用 74LS194 设计一个四位环形计数器。

①写出设计方案。

②画出逻辑图。

③实验通过验证其逻辑功能（输出端接发光二极管）。

（4）应用 74LS194 设计一个 4 位扭环形计数器。

①写出设计方案。

②画出逻辑图。

③通过实验验证其逻辑功能（输出端接发光二极管）。

（5）设计任意 8 位流水灯。

①写出设计方案。

②画出逻辑图。

③通过实验验证其逻辑功能（输出端接发光二极管）。

7. 思考题

（1）什么是并行输入、串行输入、并行输出和串行输出？

（2）怎样由移位寄存器设计环形计数器和扭环形计数器？

（3）总结本次实验的心得。

2.7 555 时基电路的设计

1. 实验目的

（1）掌握 555 时基电路的结构和工作原理，学会正确使用此芯片。

（2）学会分析和测试用 555 时基电路构成的多谐振荡、单稳态触发器两种典型电路。

2. 实验仪器设备

（1）数字电路实验箱。

（2）数字万用表。

（3）示波器。

（4）NE555 定时器：   1 片

二极管 1N4148   2 个

电位器 1k、10k、100k   各 1 只

电阻 510Ω、1k、2k、5k1、6k2、10k、12k、15k、20k、51k、100k   各 1 只

电容 3 300pF、6 800pF、0.01μF、0.1μF、1μF、10μF、47μF、100μF   各 1 只

3. 预习要求

（1）复习 NE555 芯片的结构和工作原理。

（2）复习 NE555 芯片的结构图和管脚图。

（3）复习实验所依据的相关原理。

（4）按要求设计实验中的各电路。

4. 实验原理

（1）555 时基电路（集成定时器电路）。所有内部参考电压使用了 3 只 5kΩ 的电阻分压的 IC，都称为 555 集成定时器。555 时基电路是一种数字和模拟混合型的中规模集成电路，它能产生时间延迟和多种脉冲信号，应用十分广泛。

（2）NE555 定时器的结构图及原理。NE555 定时器含有 3 只分压电阻和两个高、低电平电压比较器 C_1、C_2，一个基本 RS 触发器，一个放电开关管 T。高电平比较器 C_1 的同相输入端参考电平为 $2V_{CC}/3$，低电平比较器 C_2 的反相输入端的参考电平为 $V_{CC}/3$，C_1 与 C_2 的输出端控制基本 RS 触发器状态和放电开关管状态。当输入信号自 6 脚输入并超过参考电平 $2V_{CC}/3$ 时，触发器置 0，定时器的输出端 3 脚输出低电平，同时放电开关管导通；当输入信号自 2 脚输入并低于 $V_{CC}/3$ 时，触发器置 1，定时器的 3 脚输出高电平，同时放电开关管截止。复位端为零是电路被复位，平时复位端开路。V_C 是外接控制电压输入端（5 脚），当 V_C 外接一个输入电压时，则改变比较器的参考电压（$U_{T+} = U_{VC}$，$U_{T-} = U_{VC}/2$）；不接外加电压时，通常接一个 0.01μF 的电容器到地，起滤波作用，以消除外来干扰，确保参考电平的稳定。T 为放电管，当 T 导通时，将为接于 7 脚的电容器提供放电通路。

（3）NE555 定时器的应用。NE555 定时器主要是通过外接电阻 R 和电容器 C 构成充、放电电路，并由两个比较器来检测电容器上的电压，以确定输出电平的高低和放电开关管的通断。这就很方便地构成从微秒到数十分钟的延时电路，以及多谐振荡器、单稳态触发器、施密特触发器等脉冲波形的产生和整形电路。

（4）多谐振荡器。输出可测的连续变换的 0、1（高、低）电平，又称 0 稳态电路，输出电压为低或高，不可调整。输出频率和占空比可调的矩形波信号，频率精度与电阻、电容以及 555 精度有关，在精度要求不高的情况下可以用作时序电路时钟脉冲。

（5）单稳态电路。电路具有稳态和暂稳态两种状态，暂稳态持续时间由电路的电阻、电容和 555 精度决定，经过电路设计可以得到准确的暂稳态持续时间，因此可以很方便地设计成定时器。

5. 实验 IC 的结构图和功能表

NE555 定时器的结构图和功能表如下所示。

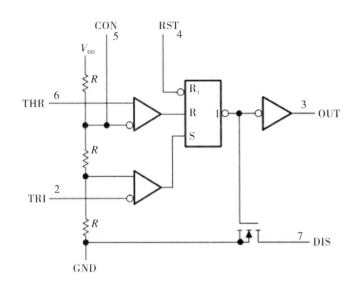

图 2.7.1 NE555 定时器的结构图

表 2.7.1 NE555 定时器的功能表

THR	TRI	RST	OUT	DIS
×	×	L	L	导通
$> \frac{2}{3}V_{CC}$	$> \frac{1}{3}V_{CC}$	H	L	导通
$< \frac{2}{3}V_{CC}$	$> \frac{1}{3}V_{CC}$	H	原状态	原状态
$< \frac{2}{3}V_{CC}$	$< \frac{1}{3}V_{CC}$	H	H	截止

6. 实验内容及步骤

（1）555 时基电路的功能测试。

按图 2.7.2 接线，可调电压取自电位器分压。按表 2.7.2 逐项测试其功能并记录下来。

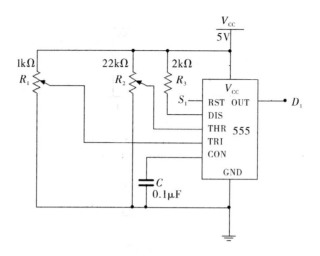

图 2.7.2　NE555 时基电路测试图

表 2.7.2　NE555 的功能表

THR	TRI	RST	OUT	DIS
×	×	L		
$> \frac{2}{3}V_{CC}$	$> \frac{1}{3}V_{CC}$	H		
$< \frac{2}{3}V_{CC}$	$> \frac{1}{3}V_{CC}$	H		
$< \frac{2}{3}V_{CC}$	$< \frac{1}{3}V_{CC}$	H		

（2）用 NE555 定时器设计一个多谐振荡器。

要求输出频率为 1kHz 的方波，参考电路如图 2.7.3 所示。

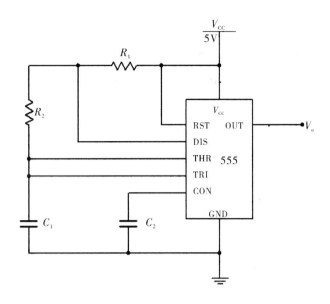

图 2.7.3 NE555 多谐振荡器的电路图

①据参考电路画出所设计的电路图（包含具体参数）。

②写出设计方案，元件参数根据上面提供的器件进行理论计算（或者以实验室备有的器件现场计算），并通过实验验证。

③用示波器观察并记录振荡器输出 U_o 和电容上电压 U_C 的波形，测量输出脉冲的幅度 U_{om}、频率 f、周期 T、占空比 D（测出 T，并计算出 D），并与理论计算值比较。

④将数据填入表 2.7.3 中。

表 2.7.3 NE555 多谐振荡器的参数测试

输出	理论值	实测值
幅度 U_{om}		
频率 f		
周期 T		
占空比 D		

（3）用 NE555 定时器设计一个单稳态电路。

暂稳态维持时间约为 1s，输出端可接发光二极管。参考电路如图 2.7.4 所示。

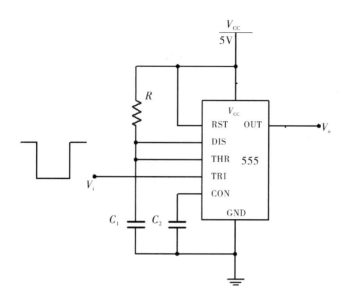

图 2.7.4　NE555 单稳态电路图

①画出所设计的电路图（写明具体参数）。

②写出设计过程，元件参数根据上面提供的器件进行理论计算（或者以实验室备有的器件现场计算）。

③用单脉冲按键加负脉冲信号至输入端，用发光二极管观察振荡器的输出 U_o。

7. 思考题

（1）按实验内容各步骤要求整理实验数据，并总结时基电路的工作原理。

（2）在实验中，NE555 定时器 5 脚所接的电容起什么作用？

（3）多谐振荡器的振荡频率主要由哪些元件决定？

（4）单稳态触发器输出脉冲宽度和重复频率各与什么有关？

（5）总结本次实验的心得。

2.8　ADC0809 模数转换器的使用

1. 实验目的

（1）通过实验了解 ADC0809 集成 A/D 转换器的性能及转换过程。

（2）熟悉 ADC0809 的使用方法。

（3）学习双极性输入的模数转换器的原理。

2. 实验仪器设备

（1）数字电路实验箱。

（2）数字万用表。

（3）模数转换器 ADC0809。

（4）信号源。

3. 预习要求

（1）复习 ADC0809 芯片的结构和工作原理。

（2）复习 ADC0809 芯片的结构图和管脚图。

（3）复习实验所依据的相关原理。

（4）按要求设计实验中的电路。

4. 实验原理

（1）模数转换与数模转换。在数字电子技术的很多应用场合往往需要把模拟量转换为数字量，这种转换器称为模/数转换器（A/D 转换器，简称 ADC）；把数字量转换成模拟量的转换器称为数/模转换器（D/A 转换器，简称 DAC）。完成这种转换的线路有很多种，特别是单片大规模集成 A/D、D/A 转换器的问世，为实现上述转换提供了极大的方便。使用者参考手册提供的器件性能指标及典型应用电路，即可正确使用这些器件。本实验将采用大规模集成电路 ADC0809 实现 A/D 转换。

（2）ADC0809 是采用 CMOS 工艺制成的单片 8 位 8 通道逐次逼近型模/数转换器，管脚排列如图 2.8.1 所示。器件的核心部分是 8 位 A/D 转换器，它由比较器、逐次逼近寄存器、D/A 转换器及控制和定时五部分组成。

（3）ADC0809 的管脚功能如下：

$IN_0 \sim IN_7$：8 路模拟信号输入端。

A_2、A_1、A_0：地址输入端。

ALE：地址锁存允许输入信号，在此脚施加正脉冲，上升沿有效，此时锁存地址码，从而选通相应的模拟信号通道，以便进行 A/D 转换。

$START$：启动信号输入端，应在此脚施加正脉冲，当上升沿到达时，内部逐次逼近寄存器复位，在下降沿到达后，开始 A/D 转换过程。

EOC：转换结束输出信号（转换结束标志），高电平有效。

OE：输入允许信号，高电平有效。

$CLOCK$（CP）：时钟信号输入端，外接时钟频率一般为 640kHz。

V_{CC}：+5V 单电源供电。

$V_{REF(+)}$、$V_{REF(-)}$：基准电压的正极、负极。一般 $V_{REF(+)}$ 接 +5V 电源，$V_{REF(-)}$ 接地。

$D_7 \sim D_0$：数字信号输出端。

（4）模拟量输入通道选择，8 路模拟开关由 A_2、A_1、A_0 三地址输入端选通 8 路模拟信号中的任何一路进行 A/D 转换，地址译码与模拟输入通道的选通关系如表 2.8.1 所示。

表2.8.1　地址译码与模拟输入通道的选通关系

被选模拟通道		IN_0	IN_1	IN_2	IN_3	IN_4	IN_5	IN_6	IN_7
地址	A_2	0	0	0	0	1	1	1	1
	A_1	0	0	1	1	0	0	1	1
	A_0	0	1	0	1	0	1	0	1

（5）D/A转换过程。

在启动端（$START$）加启动脉冲（正脉冲）后，D/A转换即开始。如将启动端（$START$）与转换结束端（EOC）直接相连，转换将是连续的，再用这种转换方式。

5.实验IC的管脚图

ADC0809模数转换器的管脚图如图2.8.1所示。

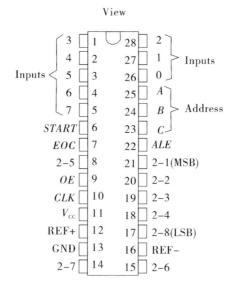

图2.8.1　ADC0809模数转换器的管脚图

6.实验内容及步骤

（1）分析ADC0809模数转换器实验电路的接线原理，并按电路图接线，时钟端口加入大于1kHz的连续脉冲信号。

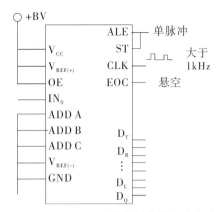

图 2.8.2　ADC0809 模数转换器实验电路

（2）调节直流信号源的输出电压（改变输入的模拟电压），输入单正脉冲信号，使 ADC0809 的输出全为高电平（8 个发光二极管全亮），测量两次并记录输入的模拟电压值。

表 2.8.2　ADC0809 模数转换器测量结果

参考电压 1	参考电压 2	平均值

（3）调节模拟输入电压分别为 1～4.5V 时，记录 ADC0809 模数转换器的输出数字量，计算实际电压值和误差。

表 2.8.3　ADC0809 模数转换器输出结果

被选模拟通道	输入模拟量	地址			输出数字量								十进制	实际电压
IN	$v_i(V)$	A_2	A_1	A_0	D_7	D_6	D_5	D_4	D_3	D_2	D_1	D_0	十进制	实际电压
IN_0	4.5	0	0	0										
IN_1	4.0	0	0	1										
IN_2	3.5	0	1	0										
IN_3	3.0	0	1	1										
IN_4	2.5	1	0	0										
IN_5	2.0	1	0	1										
IN_6	1.5	1	1	0										
IN_7	1.0	1	1	1										

$V_{\mathrm{REF}(+)}$ 和 $V_{\mathrm{REF}(-)}$ 为基准电压输入端，它们决定了输入模拟电压的最大值和最小值。通常，$V_{\mathrm{REF}(+)}$ 和电源 V_{CC} 一起接到 $+5\mathrm{V}$ 电压上，$V_{\mathrm{REF}(-)}$ 接在地端 GND 上，此时最低的输入电压值为：

$$\frac{5\mathrm{V}}{2^8} = 20\mathrm{mV}$$

$V_{\mathrm{REF}(+)}$ 和 $V_{\mathrm{REF}(-)}$ 也不一定分别接在 V_{CC} 和 GND 上，但要满足以下条件：

$$0 \leqslant V_{\mathrm{REF}(-)} < V_{\mathrm{REF}(+)} \leqslant V_{\mathrm{CC}}$$

$$\frac{V_{\mathrm{REF}(+)} + V_{\mathrm{REF}(-)}}{2} = \frac{1}{2}V_{\mathrm{CC}}$$

（4）用双极性输入方式输入 $-5\mathrm{V}$、$0\mathrm{V}$、$+5\mathrm{V}$ 的模拟电压，记录 ADC0809 模数转换器的输出数字量，电路如图 2.8.3 所示。

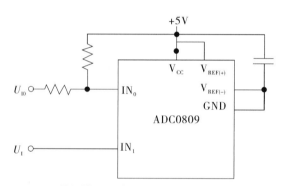

图 2.8.3 单极性双极性输入方式图（$R_1 = R_2 = 100\Omega$）

（5）将双极性输入 $-5\mathrm{V}$、$0\mathrm{V}$、$+5\mathrm{V}$ 的模拟电压对应的数字量与单极性输入 $0\mathrm{V}$、$+2.5\mathrm{V}$、$+5\mathrm{V}$ 的模拟电压对应的数字量相比较，得出结论。

7．思考题

（1）模数转换器的转换精度与什么因素有关？

（2）简述单极性输入与双极性输入的原理。

（3）总结本次实验的心得。

第3章　数字电路综合实验

3.1　Quartus Ⅱ软件使用及门电路实验

1. 实验目的

（1）通过实验学习 Quartus Ⅱ软件的使用方法。

（2）通过实验学习 FPGA 工程的实验方法。

（3）学习第一个 FPGA 工程。

2. 实验仪器设备

（1）FPGA 开发实验箱。

（2）数字万用表。

（3）电脑。

3. 预习要求

（1）复习 FPGA 开发有关的流程。

（2）复习 Verilog HDL 语言的语法。

（3）复习实验所依据的相关原理。

（4）编写实验中要求的硬件描述语言程序。

4. 实验内容及步骤

（1）Quartus Ⅱ软件的使用与点亮 LED 灯。

①双击桌面上的图标，打开 Quartus Ⅱ软件。

②打开后会出现如图 3.1.1 所示的界面，由于是第一次创建工程，所以直接关闭（也可以点击 Create a New Project (New Project Wizard)，直接跳到第④步。首次使用软件建议直接关闭）。

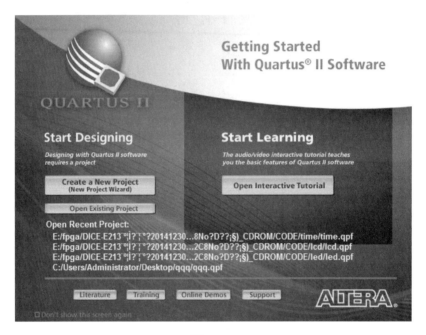

图 3.1.1

③关闭后出现 Quartus Ⅱ主窗口，如图 3.1.2 所示。

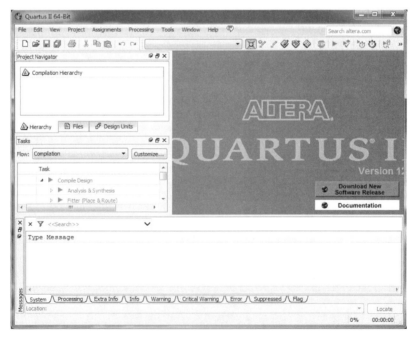

图 3.1.2

④新建一个工程，点击"File"→"New Project Wizard"，如图 3.1.3 所示。

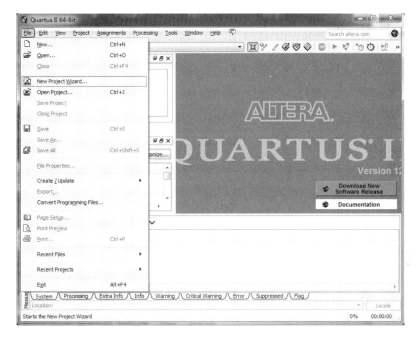

图 3.1.3

⑤弹出如图 3.1.4 所示的窗口。1 是工程存放的文件夹路径，注意不能有中文。2 是自定义的工程名，输入的时候 3 也会同时被输入。输入完毕，点击"Next"。

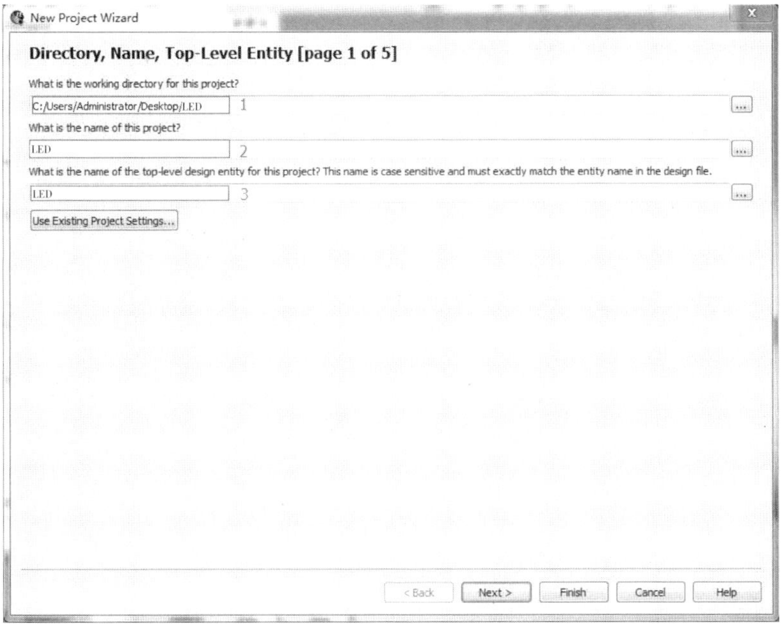

图 3.1.4

⑥弹出如图3.1.5所示的窗口，什么都不用填，直接点击"Next"。

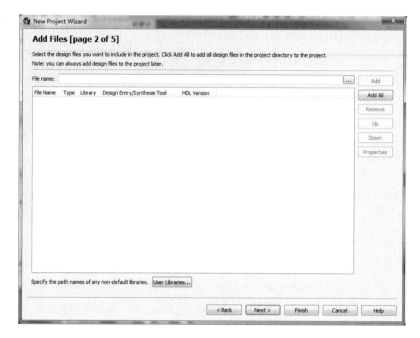

图3.1.5

⑦弹出如图3.1.6所示的器件选择窗口。根据试验箱的器件型号，在（1）处选择 Cyclone IV E，在（2）处选择 EP4CE6E22C8。选择完毕，点击"Next"。

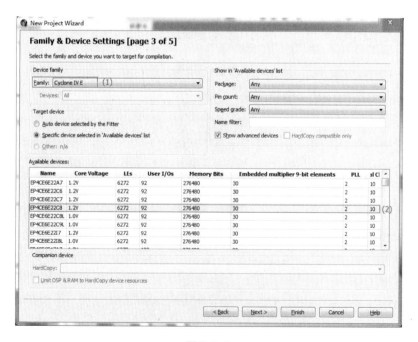

图3.1.6

⑧弹出如图 3.1.7 所示的窗口，直接点击"Next"。

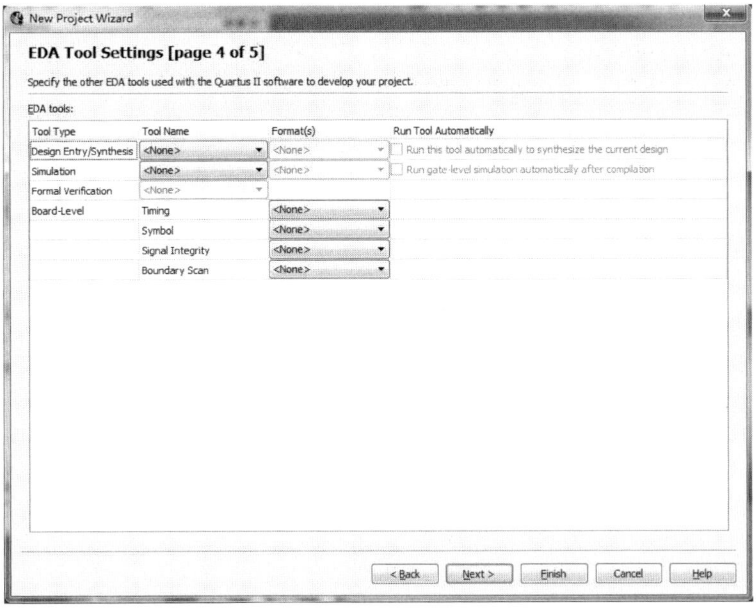

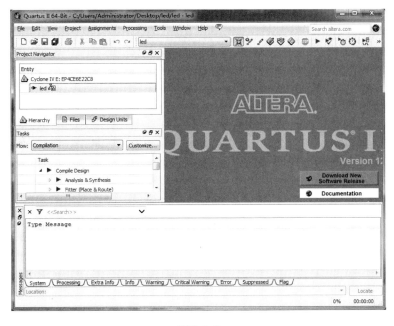

图 3.1.7

⑨弹出如图 3.1.8 所示的窗口，检查刚才的输入是否有误，没有的话直接点击"Finish"。这样，我们就新建了一个工程，相比初始界面，有工程的界面会有一些变化。

图 3.1.8

⑩接下来进行编程。点击"File"→"New",或者直接点击 □ ,弹出如图3.1.9所示的窗口。我们使用的是 Verilog 语言,所以点选"Verilog HDL File",然后点击"OK"。

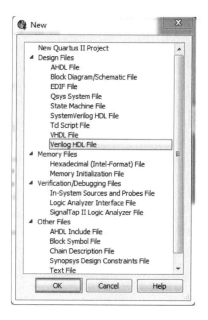

图 3.1.9

⑪当原本灰色的区域变成了白色的文本框时,就可以开始编写程序了。

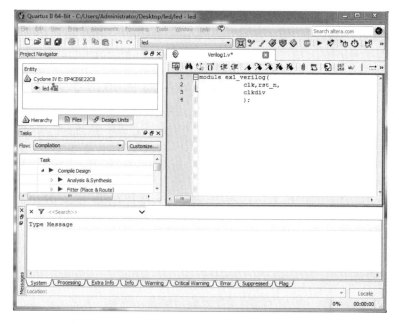

图 3.1.10

⑫在文本框中输入一个简单的程序，该程序实现：当按键 S_1 按下时，LED1 亮。

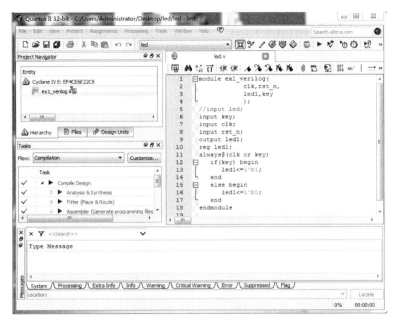

图 3.1.11

⑬程序输入完毕后，点击"Processing"→"Start Compilation"，或者直接点击 ▶，运行程序。等待一段时间，如果程序没有出错，会弹出提示成功的对话框，点击"OK"，如图 3.1.12 所示。

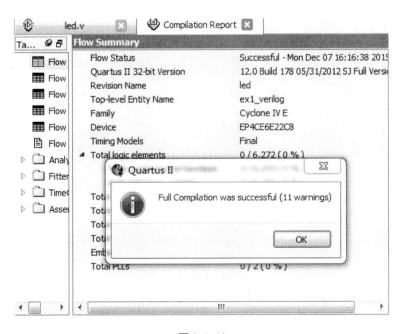

图 3.1.12

⑭查看管脚分配，点击"Assignments"→"Pin Planner"，如图3.1.13所示。

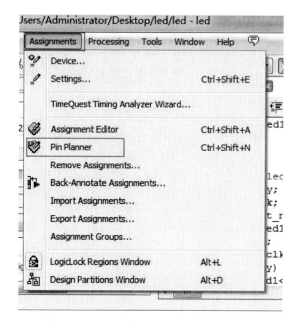

图3.1.13

⑮弹出窗口如图3.1.14所示，可以看到key链接在芯片的1脚，LED1链接在芯片的3脚（此时也可以根据需要点击"Location"自行分配管脚）。

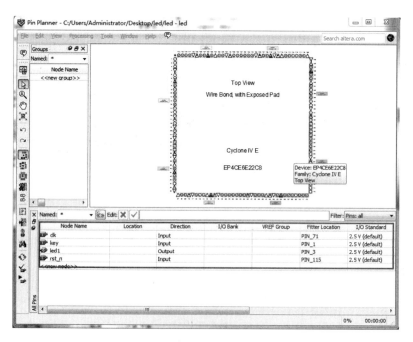

图3.1.14

⑯下载程序到芯片，点击"Tools"→"Programmer"，弹出如图 3.1.15 所示的窗口。

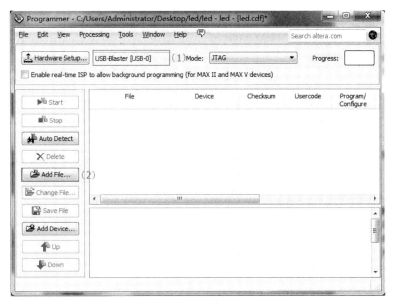

图 3.1.15

⑰如果图 3.1.15 中的（1）处没有出现"USB – Blaster［USB – 0］"，则按图 3.1.16 指示的顺序操作，有则忽略这步。

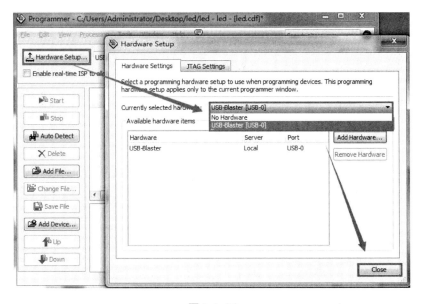

图 3.1.16

⑱点击"Add File",按图 3.1.17 指示步骤选择文件。

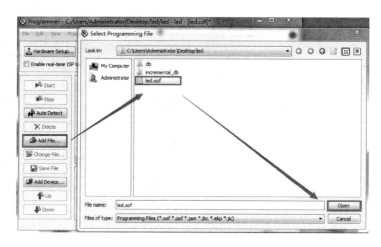

图 3.1.17

⑲选择完毕,点击"Start",等待程序下载完毕。

⑳参考实验箱器件管脚图,我们把需要连接的管脚接上。

需要连接的管脚是第⑮步所分配的 IC 管脚,将按键变量对应的 IC 端口和实验箱提供的按键连接起来(任选一个按键),将 LED 变量对应的 IC 端口和实验箱提供的 LED 连接起来(任选一个)。对应的连接端口参考图 3.1.18 至图 3.1.21。

注意:JTAG 接口不支持热插拔,请避免在芯片通电的情况下插拔接口,以免烧坏芯片。管脚接口可以直接插拔。

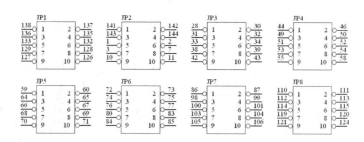

图 3.1.18 时钟信号区:CLK_0 为 90 脚,CLK_1 为 23 脚

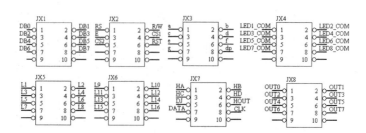

图 3.1.19 实验开发平台模块电路引出接口定义

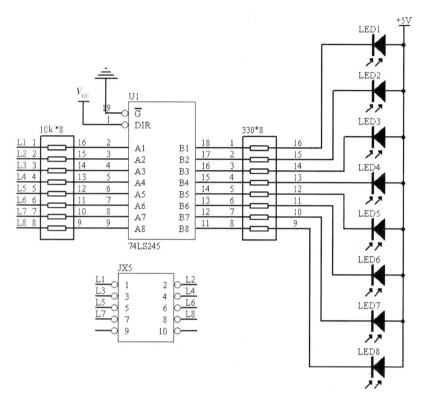

图 3.1.20　LED 数码管显示

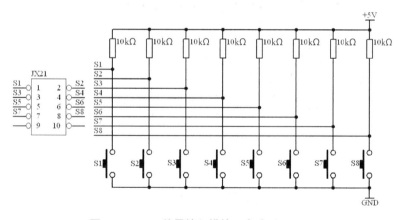

图 3.1.21　开关量输入模块二电路（C2 区）

㉑连线完毕，观察按键控制的 LED 灯点亮和熄灭的情况，理解程序的含义，修改程序，看看是否有不需要的部分，若有，将其简化，或者换一种描述方式，采用组合电路的描述方法。编写对应程序并上交。

注意：JTAG 接口不支持热插拔，请避免在芯片通电的情况下插拔接口，以免烧坏芯片。管脚接口可以直接插拔。

5. 思考题

（1）一个基本的 Verilog HDL 语言描述的硬件电路的模块包括哪些必要因素？

（2）描述建立一个大规模逻辑设计 FPGA 工程的要点。

（3）总结本次实验的心得。

附录 1：点亮 LED 灯参考程序

```
module led1(
            clk,rst_n,
            led1,key
            );
input key;
input clk;
input rst_n;
output led1;
reg led1;
always@(clk or key)
  if(key) begin
       led1 < = 1′b1;
  end
  else begin
       led1 < = 1′b0;
  end
End module
```

3.2 用 FPGA 实现基本组合逻辑电路

1. 实验目的

（1）通过实验学习基本组合逻辑电路的描述方法。

（2）通过实验学习门电路的硬件描述语言。

（3）通过实验学习半加器的硬件描述语言。

2. 实验仪器设备

（1）FPGA 开发实验箱。

（2）数字万用表。

（3）电脑。

3. 预习要求

（1）复习 FPGA 开发有关的流程。

（2）复习 Verilog HDL 语言的语法。

（3）复习实验所依据的相关原理。

（4）编写实验中要求的硬件描述语言程序。

4. 实验原理

（1）Verilog HDL 语言的基本语法结构。语言以模块作为基本单元，首先进行模块定义，其次进行端口定义，最重要的是对模块电路进行描述。

（2）RTL 视图。模块电路设计完后可以看到综合的电路结构图。

（3）结构电路的例化。利用设计好的子模块，从顶至下设计工程文件。

5. 实验内容及步骤

（1）根据 Verilog HDL 语言的语法描述与门电路的实现。

①建立新工程，命名，建立模块。

②调试门电路模块，使其正常运行。

（2）与非门电路的实现和 RTL 视图。

①建立新工程，命名，建立模块。

②调试门电路模块，使其正常运行。

（3）或非门电路的实现和 RTL 视图。

①建立新工程，命名，建立模块。

②调试门电路模块，使其正常运行。

（4）同或门电路的实现和 RTL 视图。

①建立新工程，命名，建立模块。

②调试门电路模块，使其正常运行。

（5）异或门电路的实现和 RTL 视图。

①建立新工程，命名，建立模块。

②调试门电路模块，使其正常运行。

（6）利用以上设计的各自能独立运行的模块搭设一个组合逻辑电路。

任意组合电路的搭设：

①在顶层文件中例化各模块接口。

②不限制使用门电路的个数。

③不限制组合电路的功能。

④新建工程。

⑤编写各模块电路。

⑥顶层例化。

⑦分配管脚。

⑧下载到 FPGA。

⑨根据设计的组合电路完成表 3.2.1。

表 3.2.1

输入		输出

6. 思考题

（1）什么是从顶至下的设计方式？谈谈你的实验体会。

（2）概括硬件描述语言的基本设计方法。

（3）总结本次实验的心得。

附录2：门电路的一些参考程序

与门
```
module and(y,a,b)
output y;
input a,b;
reg y;
always@(a or b)
    y = a&b;
endmodule
```

或门
```
module and(y,a,b)
output y;
input a,b;
reg y;
always@(a or b)
    y = a|b;
endmodule
```

异或门

```
module and(y,a,b)
output y;
input a,b;
reg y;
always@ ( a or b)
    y = a^b;
endmodule
```

一位半加器

```
module and(s,c,a,b)
output s,c;
input a,b;
reg s,c;
always@ ( a or b)
    begin
    s = a^b;
    c = a&b;
    end
endmodule
```

3.3 基于 FPGA 的数码管显示控制与 LED 点阵控制

1. 实验目的

（1）通过实验进一步学习 Quartus II 软件的使用方法。

（2）通过实验学习数码管驱动显示控制的基本原理。

（3）通过实验学习 LED 点阵显示控制的基本原理。

2. 实验仪器设备

（1）FPGA 开发实验箱。

（2）数字万用表。

（3）电脑。

3. 预习要求

（1）复习 FPGA 开发有关的流程。

（2）复习 Verilog HDL 语言的语法。

（3）复习实验所依据的相关原理。

（4）编写实验中要求的硬件描述语言程序。

4. 实验原理

（1）数码管。数码管是多个 LED 灯的集合，显示译码器的输入是二进制数，输出是对应的十进制数的字符，因此译码器的输出是根据十进制数的字符显示效果来定义的。显示译码器有配合共阴极和共阳极的区分，必须根据实际情况选用。

（2）数码管的动态显示。本实验为 LED 数码管动态显示控制实验。LED 动态显示是将所有相同的段码线并接在一个 I/O 口上，共阴极端或共阳极端分别由相应的 I/O 口线控制（本实验箱为共阳极）。由于每一位段选线都在一个 I/O 口上，所以每送一个段选码，所有的 LED 数码管都显示同一个字符，这种显示器是不能用的。解决此问题的方法是利用人的视觉滞留，从段选线 I/O 口上按位次分别送显示字符的段选码，在位选控制口也按相应的次序分别选通相应的显示位（共阴极送低电平，共阳极送高电平），选通位就显示相应的字符，并保持几毫秒的延时，未选通位就不显示字符（保持熄灭）。这样，对各位显示就是一个循环过程。从计算机的工作来看，在一个瞬时只有一位显示字符，而其他位都是熄灭的，但因为人的视觉滞留，这种动态变化是觉察不到的。从效果上看，各位显示器能连续而稳定地显示不同的字符，这就是动态显示。

（3）LED 点阵。LED 点阵显示字符的原理和数码管显示原理相似。数码管通过段选和位选来确定哪个数码管亮，再通过各个数码管的不断循环点亮，实现动态显示。点阵的显示原理与之相近：点阵先通过行选确定哪一行可以被选通点亮，再通过列选确定所选行的哪几个 LED 灯可以被点亮，最后在时钟电路的驱动下不断换行显示，从而实现点阵的动态显示。

5. 实验内容及步骤

（1）数码管驱动显示控制。

①新建工程，调试程序，分配管脚。

②将程序下载到实验箱，并调试成功。初始代码控制数码管，依次显示 1 到 8。

③修改实验代码，使数码管能够显示自己学号的后 8 位数字。

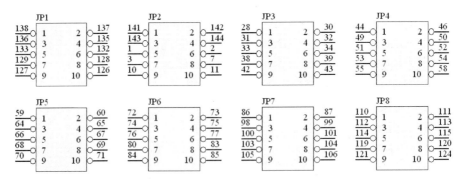

图 3.3.1　参考的器件管脚图

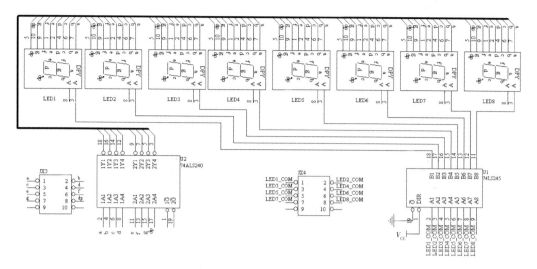

图 3.3.2 参考电路图

参考程序：

```verilog
module smg(
        clk,duan,wei
        );
input clk;
output [6:0]duan;//数码管段选
output [7:0]wei;//数码管位选
reg [6:0]duan;
reg [7:0]wei;
parameter  seg0 = 7'h3f,//参数定义
        seg1 = ~7'h06,
        seg2 = ~7'h5b,
        seg3 = ~7'h4f,
        seg4 = ~7'h66,
        seg5 = ~7'h6d,
        seg6 = ~7'h7d,
        seg7 = ~7'h07,
        seg8 = ~7'h7f,
        seg9 = ~7'h6f,
        sega = ~7'h77,
        segb = ~7'h7c,
        segc = ~7'h39,
        segd = ~7'h5e,
```

$$\begin{aligned}
\text{sege} &= \sim 7'\text{h}79,\\
\text{segf} &= \sim 7'\text{h}71;
\end{aligned}$$

  reg [2:0]cnt;//3 位计数器

  always@ (posedge clk) begin //时钟每上升一次，计数器加一

   cnt = cnt + 1;

   end

  always@ (posedge clk) begin

/* 时钟每上升一次，数码管亮一个，且每次亮的数码管和显示
的数字都不同。当时钟频率快到一定程度时，由于人眼的视觉
滞留便出现了多个数码管同时点亮的现象 */

  if(cnt = = 3'b000)

   begin duan < = seg1;wei < = 8'b11111110;end

  else if(cnt = 3'b001)

   begin duan < = seg2;wei < = 8'b11111101;end

  else if(cnt = 3'b010)

   begin duan < = seg3;wei < = 8'b11111011;end

  else if(cnt = 3'b011)

   begin duan < = seg4;wei < = 8'b11110111;end

  else if(cnt = 3'b100)

   begin duan < = seg5;wei < = 8'b11101111;end

  else if(cnt = 3'b101)

   begin duan < = seg6;wei < = 8'b11011111;end

  else if(cnt = 3'b110)

   begin duan < = seg7;wei < = 8'b10111111;end

  else if(cnt = 3'b111)

   begin duan < = seg8;wei < = 8'b01111111;end

  else;

  end

endmodule

（2）LED 点阵显示控制。

①新建工程，调试程序，分配管脚。

②将程序下载到实验箱，并调试成功。点阵显示"光"字。

③修改参考程序，使点阵显示"电"字。

参考有关电路连接图：

本实验箱中，JX17 和 JX18 的管脚对应 H0 ~ H15（即为 1 ~ 16 行），JX19 和 JX20
对应的管脚为 L0 ~ L15（即 1 ~ 16 列）。同学们可以自行分配 FPGA 芯片管脚，建议分
配在 JP2、JP3、JP4、JP5。

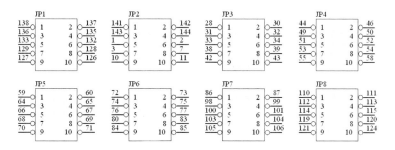

图 3.3.3

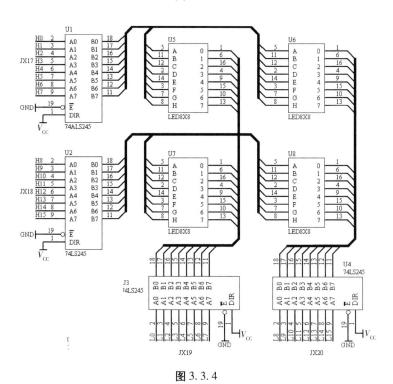

图 3.3.4

参考程序:

```
module dianzhen(
            clk,hang,lie
            );
input clk;    //时钟
output [15:0]hang;//16 位行选,当为 1 时选通
output [15:0]lie;//16 位列选,当为 0 时选通
reg [15:0]hang;//16 位行寄存器
reg [15:0]lie;//16 位列寄存器
```

```verilog
reg [3:0]cnt;//4 位计数器
always@ (posedge clk)//时钟上升沿来临,计数器加一
    cnt = cnt + 1 ;
always@ (posedge clk)//计数器每变化一次,行相应变化一次,使行顺序往下移
  if( cnt = =4'b0000) begin//选通第一行,由于没有亮点,所以列选全部为1
      hang < = 16'b0000000000000001;
      lie < = 16'b1111111111111111;end
  else if( cnt = =4'b0001) begin
      hang < = 16'b0000000000000010;
      lie < = 16'b1111111111111111;end
  else if( cnt = =4'b0010) begin
      hang < = 16'b0000000000000100;//选通第三行,从左往右第八个 LED 点亮,
故第8 位为0
      lie < = 16'b1111111011111111;end
  else if( cnt = =4'b0011) begin
      hang < = 16'b0000000000001000;
      lie < = 16'b1110111011101111;end
  else if( cnt = =4'b0100) begin
      hang < = 16'b0000000000010000;
      lie < = 16'b1111011011011111;end
  else if( cnt = =4'b0101) begin
      hang < = 16'b0000000000100000;
      lie < = 16'b1111101010111111;end
  else if( cnt = =4'b0110) begin
      hang < = 16'b0000000001000000;
      lie < = 16'b1100000000000111;end
  else if( cnt = =4'b0111) begin
      hang < = 16'b0000000010000000;
      lie < = 16'b1111110101111111;end
  else if( cnt = =4'b1000) begin
      hang < = 16'b0000000100000000;
      lie < = 16'b1111110101111111;end
  else if( cnt = =4'b1001) begin
      hang < = 16'b0000001000000000;
      lie < = 16'b1111110101111111;end
  else if( cnt = =4'b1010) begin
      hang < = 16'b0000010000000000;
      lie < = 16'b1111110101111111;end
```

```
        else if( cnt = = 4′b1011 ) begin
            hang < = 16′b0000100000000000 ;
            lie < = 16′b1111101101110111 ;end
        else if( cnt = = 4′b1100 ) begin
            hang < = 16′b0001000000000000 ;
            lie < = 16′b1110011100000111 ;end
        else if( cnt = = 4′b1101 ) begin
            hang < = 16′b0010000000000000 ;
            lie < = 16′b1111111111111111 ;end
        else if( cnt = = 4′b1110 ) begin
            hang < = 16′b0100000000000000 ;
            lie < = 16′b1111111111111111 ;end
        else if( cnt = = 4′b1111 ) begin
            hang < = 16′b1000000000000000 ;
            lie < = 16′b1111111111111111 ;end
        else ;
endmodule
```

6. 思考题

（1）数码管驱动显示控制的核心思路是什么？

（2）LED 点阵显示控制的核心思路是什么？

（3）总结本次实验的心得。

3.4　基于 FPGA 的 LED 流水灯与按键消抖实验

1. 实验目的

（1）通过实验进一步学习 Quartus II 软件的使用方法。

（2）通过实验学习 LED 流水灯的设计原理。

（3）通过实验学习按键消抖（边沿检测法）的基本原理。

2. 实验仪器设备

（1）FPGA 开发实验箱。

（2）数字万用表。

（3）电脑。

3. 预习要求

（1）复习 FPGA 开发有关的流程。

（2）复习 Verilog HDL 语言的语法。

（3）复习实验所依据的相关原理。

（4）编写实验中要求的硬件描述语言程序。

4. 实验原理

（1）LED 流水灯。流水灯是一个典型的 FPGA 程序设计，通过完成控制 8 位 LED 向左依次循环点亮的实验，达到对硬件语言、软件开发平台等初步认识的目的。

①if 语句的使用。

Verilog HDL 语言中的 if 语句与 C 语言中的十分相似，其使用方法有以下三种：

a. if （条件 1）语句块 1；

b. if （条件 1）语句块 1；
　else 语句块 2；

c. if （条件 1）语句块 1；
　else if （条件 2）语句块 2；
　……
　else if （条件 n）语句块 n；
　else 语句块 $n+1$。

在上述三种方式中，"条件"一般为逻辑表达式或关系表达式，也可以是一位的变量。如果表达式的值出现 0（假），x（未知），z（高阻），则全部按"假"来处理；若为"1"，则按"真"来处理。语句块若为单句，直接书写即可；若为多句，则需要用"begin end"块括起来。建议无论多句还是单句都用"begin end"块括起来。

②case 语句的使用。

case 语句是一个多路条件分支语句，常用于多路译码、状态机和微处理机的指令译码等场合。case 语句的语法格式为：

case （条件表达式）
分支 1：语句块 1；
分支 2：语句块 2；
……
分支 n：语句块 n
default
endcase

其中，"分支 n"通常都是一些常量表达式。case 语句先对"条件表达式"求值，然后同时对各分支项求值并进行比较，这是与 if 语句最大的不同。比较完成后，与条件表达式值相匹配的分支中的语句被执行。分支项需要互斥，否则会出现逻辑矛盾。default 将覆盖没有被分支表达式覆盖的其他所有分支。此外，当 case 语句跳转到某一分支后，其余分支将不再比较，直接执行 endcase 后的语句。

如果多个分支都对应着同一个操作，则可以通过逗号将各个不同分支的取值隔开，其格式为：

　　分支 1，分支 2，…，分支 n：语句块；

　　（2）按键的抖动以及消抖。

　　如图 3.4.1 所示，按键在闭合和断开时，触点会存在抖动现象。在按键按下或者释放的时候都会出现一个不稳定的抖动时间，如果不对抖动进行处理，则系统会认为出现了多个上升沿和下降沿，从而影响实验结果。

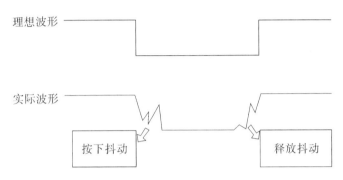

图 3.4.1　按键的抖动以及消抖

　　本实验消抖的思路是，当检测到键值有从 1 到 0 的变化时，进行一段时间的时延，然后再检测时延后的键值是不是 0。如果是，则说明按键被按下；如果不是，则说明按键被误触发。

　　本实验用到的检测键值变化的方法称为边沿检测法，其思路如下：每一时刻的键值，都与上一时刻的键值取反相与，相与结果为 1，则为检测到一个下降沿。例如：

　　　　　　时刻：1 2 3 4 5 6
　　当前时刻键值：1 1 1 0 0 1 1
　　　　　　取反：0 0 0 1 1 0 0
　　下一时刻键值：1 1 0 0 1 1
　　　　　　相与：0 0 0 0 1 0

　　即在时刻 4 的键值变化后，可在时刻 5 得到一个时钟的 1。消抖思路相同，只是时刻之间的间隔已变成设定的时延。

　　5. 实验内容及步骤

　　（1）参考程序完成 LED 流水灯的设计。

　　①新建工程，调试程序。

　　②分配管脚。

　　③将程序下载进实验箱。

　　④按照分配的管脚连线。

　　⑤观察实验结果。

　　（2）修改程序，使按键按下时，流水灯反向。

①新建工程，调试程序。

②分配管脚。

③将程序下载进实验箱。

④按照分配的管脚连线。

⑤观察实验结果。

（3）自主设计流水灯花样，深入学习硬件描述语言设计。

①新建工程，调试程序。

②分配管脚。

③将程序下载进实验箱。

④按照分配的管脚连线。

⑤观察实验结果。

（4）备注：实验连线和管脚分配参考。

JP1 接 JX5。

JP8 接 JX6。

时钟选 12MHz。

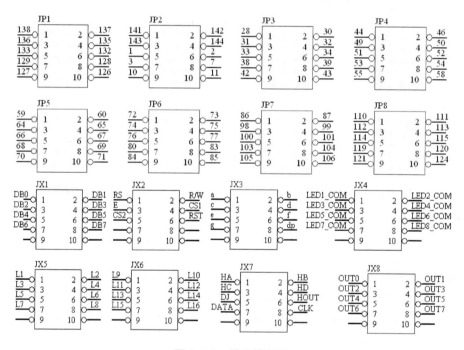

图 3.4.2　器件管脚图

参考程序：

```
module led1sd(
                clk,rst_n,
                led1,sw1_n
                );
input clk;//时钟管脚
input rst_n;//复位管脚
output [7:0]led1;//8 位流水灯
reg [7:0]led1;
input    sw1_n; //按键
//－－－－－－－－－－－－按键消抖－－－－－－－－－－－－－//
reg key_rst;//每一个时钟上升沿到来,把按键值赋给 key_rst
always @ ( posedge clk or negedge rst_n)
    if (! rst_n) key_rst <= 1'b1;
    else key_rst <= sw1_n;
reg key_rst_r;//在下一个时钟上升沿,把 key_rst 赋给 key_rst_r
always @ ( posedge clk or negedge rst_n )
    if (! rst_n) key_rst_r <= 1'b1;
    else key_rst_r <= key_rst;
wire key_an = key_rst_r & ( ~key_rst);
reg[17:0] cnt;//延时计数器
always @ (posedge clk or negedge rst_n)
    if (! rst_n) cnt <= 18'd0;
    else if(key_an) cnt <= 18'd0;//当检测到 key_an 有 1 时,说明有按键按下,然
后把计数器从 0 开始累加
    else cnt <= cnt + 1'b1;
reg low_sw;
always @ (posedge clk or negedge rst_n)
    if (! rst_n) low_sw <= 1'b1;
    else if (cnt == 18'hfffff) //每次计数器加满,把该时刻的按键值赋给 low_sw
      low_sw <= sw1_n;
//－－－－－－－－－－－－－－－－－－－－－－－－－－－－－
reg    low_sw_r;
always @ ( posedge clk or negedge rst_n )
    if (! rst_n) low_sw_r <= 1'b1;
     else low_sw_r <= low_sw;//下一上升沿时钟到来,把 low_sw 赋给 low_sw_r
    wire led_ctrl = low_sw_r & ~low_sw;//这一步的意义和上面相同,但是此时是
```

和经过了延时后的按键值相与,相与结果为1,说明延时后的按键值和延时前不同,即检测到按键按下

```verilog
reg d1;
always @ (posedge clk or negedge rst_n)
    if (! rst_n) begin
        d1 <= 1'b0;end
    else if (led_ctrl) begin
        d1 <= ~d1;end   //每次按键按下,将d1的值取反
//- - - - - - - - - - - - - - 流水灯 - - - - - - - - - - - - - - - -//
reg[21:0] cnt1  ;//流水灯间隔时间计数器
always@ (posedge clk or negedge rst_n) begin
    if(! rst_n) cnt1 <= 22'b0;
    else cnt1 <= cnt1 + 1'b1;
    end
reg[2:0] num;   //流水灯计数器
always@ (posedge clk or negedge rst_n) begin
    if(! rst_n) num <= 3'b00;
    else if(cnt1 == 22'hffffff&&d1)//计数器加满且d1=1时,流水灯计数器加1,即
```
移动一位
```verilog
    num = num + 1;
    end
  parameter//参数定义
    led11 = ~8'b00000001,
    led12 = ~8'b00000010,
    led13 = ~8'b00000100,
    led14 = ~8'b00001000,
    led15 = ~8'b00010000,
    led16 = ~8'b00100000,
    led17 = ~8'b01000000,
    led18 = ~8'b10000000;
  always@ (num) begin
  case(num)
  3'b000:led1 <= led11;
  3'b001:led1 <= led12;
  3'b010:led1 <= led13;
  3'b011:led1 <= led14;
  3'b100:led1 <= led15;
  3'b101:led1 <= led16;
```

```
      3′b110:led1 < = led17;
      3′b111:led1 < = led18;
            default：;
      endcase
      end
endmodule
```

6. 思考题

（1）简述边沿检测法的核心思想。

（2）简述流水灯设计的思路。

（3）总结本次实验的心得。

第4章 数字电路综合设计

4.1 数字电路综合设计简介

4.1.1 概述

本章学习的目的是训练学生综合运用学过的数字电路的基本知识，独立设计比较复杂的数字电路的能力，考查学生自行研习、应用相关软件进行电路设计仿真的能力以及课外锻炼电路板焊接及检测维修的能力，对电子线路课程进行综合考核。进一步锻炼学生设计大规模逻辑电路的能力，达到能够完成基本逻辑设计，完成基于 IP 核的设计，能够熟练地使用各种 EDA 软件，能够完成硬件调试，最终培养学生的软硬件结合能力，拥有独立完成一个完整数字电路系统的能力，包括分立元件、中规模器件和大规模器件的设计。

4.1.2 教学内容基本要求及学时分配

1. 课程设计题目

参考题目见附录，允许自定切合该设计要求的题目，如有已完成的数字逻辑电路的系统，可以申请以已完成作品进行考核，原则上每人一题，两人共同完成的酌情考核。

2. 设计方法

（1）分析题目，建立模型，给出系统设计结构图。

（2）按照结构图进行分单元电路设计，并在理论上预测分单元电路的设计结果，设计出全系统电路。

（3）对分单元电路及全电路进行计算机仿真，并联系商家购买相应型号的电子元件，确保电路设计和实际使用的电子元件一致。

（4）利用数字电子线路实验箱验证各分单元线路是否能正常工作。

（5）组装电路，按照理论推算逐个分单元电路调试，完成实物制作。

（6）实际使用，总结设计经验。

3. 设计要求

（1）按题目要求的逻辑功能进行设计，电路的各个组成部分须有设计说明。

（2）必须大多采用已经学过的各种 IC，电子元件的选择必须有依据。

（3）每个参考题目有基本要求和提高要求，可根据自己的能力进行选择。

4. 使用的硬件和软件

硬件可采用中规模 IC 或可编程器件 FPGA（须申请），软件不限定使用的种类。

4.1.3　主要教学环节

1. 设计安排

数字电路基础实验结束前学生选题，严格要求每班不能有 10% 以上同学选择同一题目，暑期进行相关的设计和制作，暑期结束提交设计报告，答辩验收。

2. 指导与答疑

学生有疑难问题可找教师答疑，但应充分发挥主观能动性，不应过分依赖教师。

3. 设计的考评

设计全部完成后，须经教师验收。验收时学生要讲述自己设计电路的原理、仿真情况，还要演示硬件的实验结果。教师根据学生设计全过程的表现和验收情况给出成绩。

4.1.4　课程设计报告的内容和要求

（1）设计题目。

（2）概述。

（3）整个系统设计框图及说明。

（4）分模块设计的思路及具体电路图。

（5）分模块仿真结果及整体电路图。

（6）整个系统仿真结果。

（7）分模块实际搭设电路实验或者实际结果。

（8）整个电路搭设实际结果。

（9）总结和掌握。

（10）心得体会。

（11）意见建议。

备注：参考题目可用中规模 IC 按照模块化设计方法搭设，也可以用 FPGA 以大规模逻辑电路设计方法进行设计。

4.1.5　考核方式

每位同学提交设计性实验报告（电子版及纸质版），报告内容包括选题、选题分析、整个系统的设计方案、各模块的设计方案、调试过程、设计过程中遇到的问题及解决方法、总结及展望。

每位同学花 4 分钟时间进行设计演示、设计方案汇报、回答问题。各位同学按照安排的时间提前到场等候。

考核地点：数字电路实验室，一位同学答辩的同时另外一位同学可以进来准备，其他同学务必在室外等候，以免影响考核中的同学。

考核要求：除获批准更改题目的同学外，其他同学必须按照原选题完成设计。

除获批准降低设计要求的同学外，其他同学必须100%完成原定的设计要求。

未实现设计功能的不允许参加考核。

如发现雷同设计，一律重修。

4.2　电路仿真及 PCB 制作初级教程

本教程仅提供简易的操作示例和可供参考的方法，更多的详细操作、其他方法和具体问题以及更适合自己的解决方案等仍需使用者经过实操、上网查找资料等手段才能真正获取和掌握。同时，使用的同款软件不同版本操作大同小异，操作方法基本通用，本教程仅提供基本操作，使用者须融会贯通。

4.2.1　电路仿真软件简易教程

1. Multisim 软件的使用

Multisim 是美国国家仪器（NI）有限公司推出的以 Windows 系统为基础的仿真工具，适用于板级的模拟/数字电路板的设计工作。它包含了电路原理图的图形输入、电路硬件描述语言的输入方式，具有丰富的仿真分析能力。

（1）新建工程。

一般软件一打开便自行建立新工程，其他建立新工程的方法有点击软件界面左上方"文件"→"新建"或者点击文档图标（图 4.2.1）及使用快捷键 Ctrl + N（这也是很多软件新建文件或工程的通用快捷键）。若将鼠标放于各图标上，会有文字注释说明其功能。

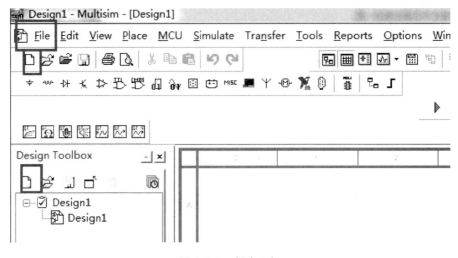

图 4.2.1　新建工程

（2）电路输入。

参照已设计好的电路图，查找所需元件并连接。通过元件工具栏（图 4.2.2）或快捷键 Ctrl + W 调出元件库（包括各类电源 source、电阻 resistor、电容 capacitor、开关 switch、二极管 diode、三极管 transistor 和芯片等）找到所需元件，如已知所需元件型号可用查找功能（Search）。鼠标右击取消放置。

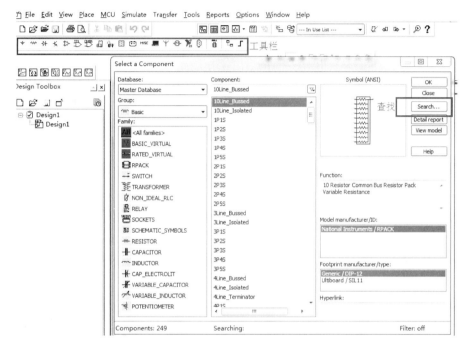

图 4.2.2　工具栏

找到所需元件后，进行布局及连线。通过鼠标滑轮上下滚动实现视野放大或缩小，此外还有界面右上方的放大或缩小、选择区域放大和缩小至表格（图 4.2.3）。用鼠标左键点击元件端口（出现实心黑点），即有线引出，拉到某一端口（出现实心黑点），再左键点击即可。如要取消连线，点击鼠标右键。如要拖动连线，鼠标左击连线（出现节点），上下拖拉。如要删除连线，鼠标左击连线，按 Del 键或右键删除。如要旋转操作，可按 Ctrl + R。如要撤销或恢复操作，可按 Ctrl + Z 或 Ctrl + Y（很多软件常用的两种撤销方式，上述快捷键一般都是 Windows 系统的通用快捷键）。

（3）电路仿真。

仿真时必不可少的是信号源和检测仪器，如信号发生器（function generator）、电流表及电压表（multimeter）、示波器（oscilloscope）、频率计（frequency counter）和功率计（wattmeter）等，可在界面右侧工具栏找到（图 4.2.3）。接入电路中，鼠标双击即可弹出仪器显示界面（图 4.2.3）。鼠标右击取消放置。为防止文件数据丢失，文件编辑过程中要注意保存文件（Ctrl + S 或），保存时可对文件命名。

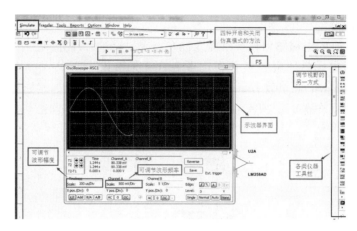

图 4.2.3 软件传真界面

2. Proteus 软件的使用

Proteus 软件是英国 Lab Center Electronics 公司出版的 EDA 工具软件，不仅具有其他 EDA 工具软件的仿真功能，还能仿真单片机及外围器件。本示例所用软件版本为 Proteus 8 professional（图标见图 4.2.4）。

图 4.2.4 Proteus 8 Professional 图标

因 Proteus 与 Multisim 基本操作差别不大，故本例只演示其不同之处。

（1）新建工程。

若新建一个工程，则其包括了仿真、PCB 绘制等完整的过程，如只需其仿真功能，我们只需点击菜单栏 isis 图标，进入电路图绘制界面（图 4.2.5）。

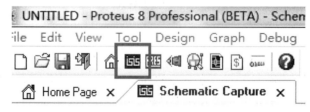

图 4.2.5 软件工具栏

（2）电路输入。

如图 4.2.6 所示，从左到右分别是工具栏、元件方向和镜像调整、电路绘制界面俯视图（其下方是空白处用于显示从元件库中所选的元件）。点击工具栏的第二个图标，再点击俯视图窗口下的 ❷ 图标，会出现元件库（图 4.2.7），可通关键字搜索所需元件，选择某一元件窗口右侧有其对应的电路原理图的模型和 PCB 封装预览。

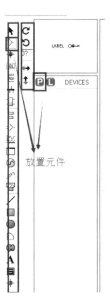

图 4.2.6　电路绘制

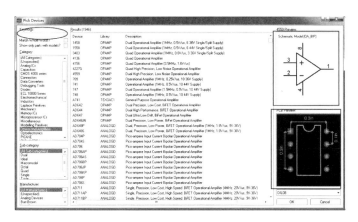

图 4.2.7　元件库

（3）电路仿真。

如图 4.2.8 所示，软件界面左下角，有仿真开启及关闭等按钮。特别是当有关单片机的仿真电路图时，需要烧录已编译好的 hex 文件并设置合适的时钟频率（图中已用方框标明，双击该单片机即可弹出设置界面，hex 文件用 Keil 软件编译。此例不涉及该软件使用教程，有兴趣的同学可自学，其使用也较简单）。

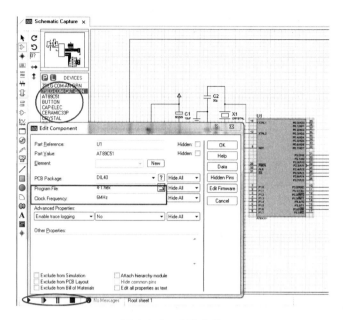

图 4.2.8　电路传真

4.2.2　PCB 制作简易教程

1. AD（Altium Designer）软件的使用

Altium Designer 是原 Protel 软件开发商 Altium 公司推出的一体化电子产品开发系统，集原理图设计、电路仿真、PCB 绘制编辑、拓扑逻辑自动布线、信号完整性分析和设计输出等技术为一体。本示例所用软件版本为 AD14（图标见图 4.2.9）。

图 4.2.9　AD14 图标

（1）新建工程。

方法不止一种，现介绍其中一种：点击"File"→"New"→"Project"→"PCB Project"。为使电路原理图（Schematic）可以转化为 PCB，要在工程下新建电路原理图文件（后缀名 .SchDoc）。如图 4.2.10 所示，方框项目名处右键点击"Add New to Project"→"Schematic"。

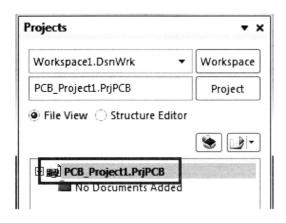

图 4.2.10　新建工程

（2）电路输入。

参照已在 Multisim 或 Proteus 仿真过的电路图，在库（libraries）添加所需元件。一般元件库需要自行上网下载相应的元件库（后缀名 . SCHLIB）之后添加到库中（图 4.2.11），点击"libraries"→"libraries"→…→打开元件库所在路径（文件夹）→"install"（安装）→选定所需库打开即可。若 libraries 标识没有出现，可点击软件界面右下角"System"勾选"libraries"即可。

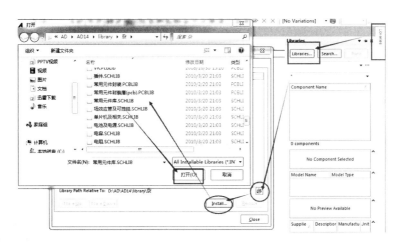

图 4.2.11　导入元件库

如图 4.2.12 所示，也可设置元件库可见不可见（勾选"Activated"）及删除（remove）。安装了元件库，在元件列表双击所需元件放置到电路图纸中（可搜索、预览封装 footprint 等）。改变视野大小的方法：Ctrl + 鼠标滚轮。右键则是取消放置元件及拖拽电路图纸。

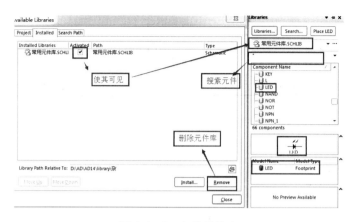

图 4.2.12　勾选元件库

如图 4.2.13 所示，双击元件可设置其旋转方向及添加封装等。连线时点击菜单栏≈连线。

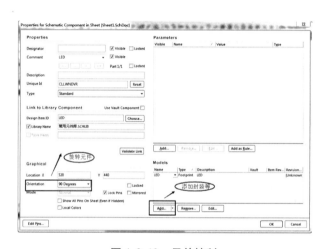

图 4.2.13　元件控制

（3）转换为 PCB。

转换为 PCB 的前提是原理图中的电子元件都有正确的 footprint，然后保证接线都正确可靠并保存。如前所述，再点击"Add New to Project"→"PCB"并保存。如不保存则无法转化为 PCB。接着便是点击"Design"→"Update"→…→"execute change"。若原理图改变，用同样方法更新到 PCB 中去。

（4）编辑网络线。

在这里需要特别注意的是编辑网络线。如无网络线，原理图转 PCB 会报错。也可直接利用封装库（后缀名.PCBLIB，添加库方法同元件库，虽然封装库同元件库一样可以自己绘制，但是一般常用的都可上网找到相应的，如无特殊需要无须如此）绘制 PCB，根据原理图编辑网络线。具体操作方法："Design"→"Netlists"→"Edit Nets"→"add"（图 4.2.14）。未编辑前，PCB 图纸中所有元件的管脚都会显示在"Pins in Other

Nets"中，根据需要，命名新的网络名（Net Name），按 Ctrl 并鼠标左击需要连接的所有管脚，再点击"＞"（"＞＞"是将左侧所有管脚号到右侧表格）。

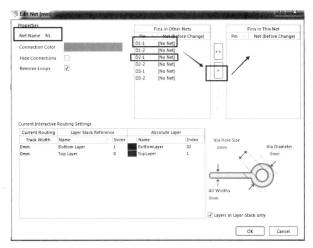

图 4.2.14　元件管脚

（5）布线及覆铜。

编辑好网络线后，可见出现如蜘蛛线的白线，我们可根据该白线进行布线（图4.2.15）。菜单栏中 ⬚⬚⬚⬚⬚⬚⬚⬚⬚A⬚ 的 ⬚ 即是连线，⬚⬚分别是焊盘和过孔，⬚A分别是敷铜和添加字符。也可根据需要自动布线。需要测量时，接下 Ctrl + M（其中 100mil = 2.54mm）。若要更改 PCB 板尺寸，在 PCB 绘图的下面选择"Keep OutLayer"→"Place Line"（画出的线是粉色的，注意线要封闭）→全选所需区域（含画好的边框）→菜单栏"Design"→"Board Shape"→"Define from Select Objects"（根据选定区域裁剪）。详见图 4.2.16，裁剪后见图 4.2.17。

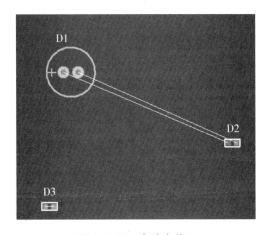

图 4.2.15　电路布线 1

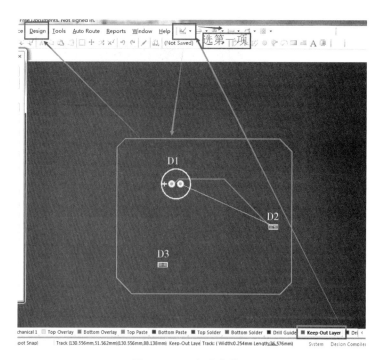

图 4.2.16　电路布线 2

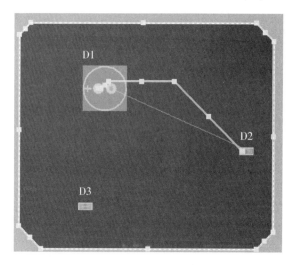

图 4.2.17　电路布线 3

最后是覆铜，详见图 4.2.18（默认第一选项，一般是给地 GND 覆铜）。

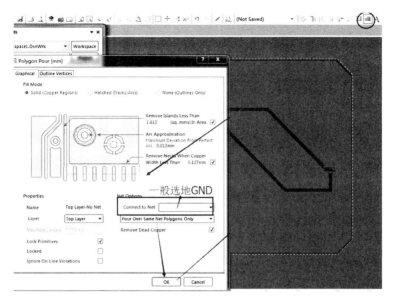

图 4.2.18 电路覆铜

（6）其他设置。

如线宽，覆铜与导线或过孔的间距等可通过"Design"→"Rules"来设置。

2. PCB 电路板制作流程

制板大致流程：复印电路到油性纸→热转印机转印→腐蚀铜板→打孔→焊接元件。

（1）复印电路到油性纸。

先设置页面比例为 1 : 1（"File"→"Page Setup"，图 4.2.19），再打印预览（"File"→"Print Preview"，图 4.2.20）。右键设置（Configuration）方框中为各层，因只打印一面，则须删去上层（Top Layer）或下层（Bottom Layer），并勾选置镜面打印（Mirror）（如果是双面电路板，则正面不用镜面打印，背面要）。如果误删，则在该窗口右击，选"Insert Layer"。之后点击打印（Print），注意选择对应的打印机（Printer Name 处选择所使用的打印机型号），再用普通 A4 纸试一下打印效果。

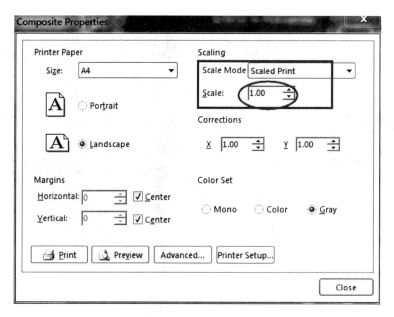

图4.2.19　打印设置1

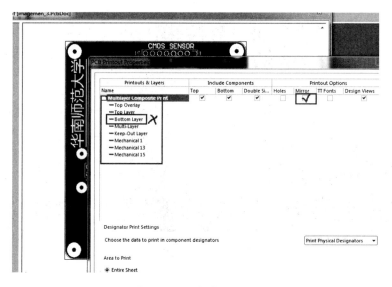

图4.2.20　打印设置2

（2）热转印机转印——将电路图转印至铜板。

先将打印好的油性纸根据电路图裁剪合适的大小（比其边缘略长即可），然后用防热透明胶带贴好固定住，一般只需2~4条防热透明胶贴好两边拉紧即可（图4.2.21）。

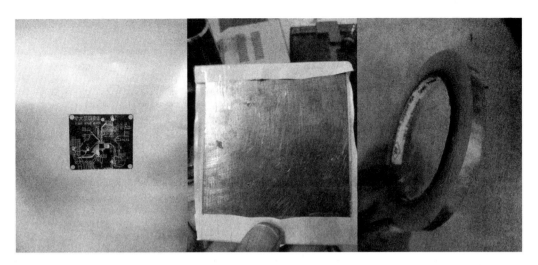

图 4.2.21　铜板热转印

铜板需预处理：用砂纸摩擦至光亮以除去杂质和增加铜板与油墨的吸附性，也有利于后续的腐蚀（图 4.2.22）。

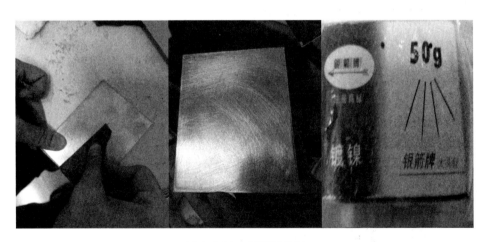

图 4.2.22　铜板预处理

180 度进退板过两次即可。印好后的电路若出现一些断线等，可用黑色碳素笔、水笔描上修补。除了用转印机外，还可以直接用电熨斗，便捷且效果好。

双面转印技巧：先转印好单面，事先在电路图四个角设置好几个焊盘作参考点，用打孔机打好孔（用最小的钻针比较好），再用小针（图 4.2.22 右）穿过，这样另一面依次对应参考点即可对齐。

避免使用普通胶带固定转印纸，以免杂物沾到转印机转棒，导致受热不均。

（3）腐蚀铜板——将铜板浸于腐蚀液中。

配置腐蚀液：腐蚀粉（蓝色环保腐蚀剂）与水的比例，一般加到粉不再溶于水，溶液高度漫过铜板即可（图 4.2.23 左）。腐蚀时加沸水有助于加快腐蚀，若溶液颜色太深，则要重新配置。一般以较高浓度且加高温热水腐蚀，并不断摇晃溶液，若及时重配腐蚀液则需 20 分钟左右即可完成腐蚀。废弃溶液含大量铜离子，会对环境造成污染，须统一用纯碱处理（图 4.2.23 中）。

图 4.2.23　腐蚀液处理

注意不要让腐蚀液溅到皮肤或眼睛，若不慎被溅到，用清水冲洗即可。

待铜板腐蚀至只剩电路，取出用水清洗并擦干晾干即可（图 4.2.23 右）。

以上所述主要是针对简易电路的 DIY 制板，如果是多层板且较为复杂、对加工精度要求高的 PCB 则需找厂家加工，一般是几十元/10 块（图 4.2.24 左）。

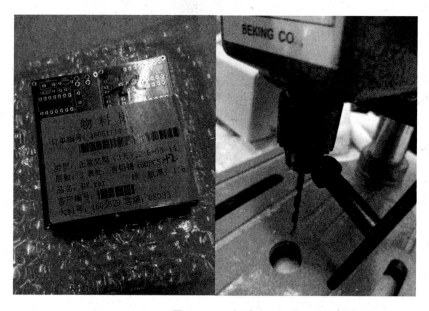

图 4.2.24　打孔

（4）打孔。

如果针较细，请缓慢移动到所需打的孔的正上方，再慢慢钻孔以免折断。换针头需用专门工具（图 4.2.24 右）。

打完孔，再用砂纸擦去油墨即可得到铜线电路，接下来就是焊接元件了。

（5）焊接。

图 4.2.25 是焊接的常用配套工具：从左到右从上到下分别是剪线钳、可调温电烙铁（含支架、海绵）、吸锡器、烙铁头（有尖头、刀头等多种，可供电烙铁更换）、镊子、松香和焊锡等。因元件的不同，焊接难度也有差异，如直插式一般较贴片式简单。若是管脚较多的贴片式元件，可用刀头电烙铁搭配焊油膏或松香，沾少许焊锡顺着一排管脚"刮"几下即可。

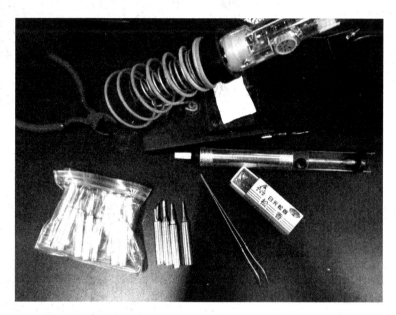

图 4.2.25　电子制作配件

4.3　参考选题及要求

1. 数码管显示控制器

要求：

（1）能自动一次显示出数字 0、1、2、3、4、5、6、7、8、9（自然数列），1、3、5、7、9（奇数列），0、2、4、6、8（偶数列），0、1、2、3、4、5、6、7、0、1（音乐符号序列）；然后再重新开始循环。

（2）循环速度可调。

（3）打开电源自动复位，从自然数列开始显示。

2. 乒乓球游戏机

要求：

（1）用 8 个发光二极管表示球；用 2 个按钮分别表示甲、乙两个球员的球拍。

（2）一方发球后，球以固定速度向另一方运动（发光二极管依次点亮），当球达到最后一个发光二极管时，对方击球（按下按钮），球将向相反方向运动，在其他时候击球视为犯规，给对方加 1 分。

（3）甲、乙各用一个数码管计分。

（4）裁判有一个按钮，能使系统初始化，每次得分后，按下一次。（提高）

3. 智力竞赛抢答器

要求：

（1）五人参赛，每人一个按钮，主持人一个按钮，按下就开始。

（2）每人一个发光二极管，抢中者灯亮。

（3）有人抢答时，蜂鸣器（或者喇叭，注意喇叭驱动）响两秒钟。

（4）答题时限为 10 秒钟，从有人抢答开始，用数码管倒计时间，10、9、8…1、0；倒计时到 0 的时候，喇叭发出两秒响声。（提高）

4. 数字钟

要求：

（1）输入高精度的 1 Hz 时钟。

（2）能显示时、分、秒，24 小时制。

（3）时和分有校正功能。

（4）整点报时，喇叭响两秒。（提高）

（5）可设定夜间某个时段不报时。（提高）

5. 交通灯控制器

要求：

（1）东西方向为主干道，南北方向为副干道。

（2）主干道通行 40 秒后，若副干道无车，主干道仍通行，否则转换。

（3）换向时要有 4 秒的黄灯期。

（4）南北通行时间为 20 秒，到时间则转换，若未到时，南北方向已经无车，也要转换。（提高）

（5）用数码管显示计时。（提高）

6. 双钮电子锁

要求：

（1）有两个按钮 A 和 B，开锁密码可自设（根据设计可以为固定），如"3、5、7、9"。

（2）若按 B 钮，则门铃响（蜂鸣或者喇叭）。

（3）开锁过程：按三下 A，按一下 B，则"3、5、7、9"中的"3"被输入；接着按五下 A，按一下 B，则输入"5"……以此类推，直到输入完"9"，按 B，则锁被打开——用发光管 A 表示。

（4）报警：在输入"3、5、6、9"的过程中，如果输入与密码不同，则报警；用发光管 B 表示，同时发出"嘟、嘟……"的报警声音。

（5）用一个开关表示关门（即闭锁）。

7. 彩灯控制器一

要求：

（1）有 10 只 LED：L_0，L_1，$\cdots$，L_9。

（2）显示方式。

①奇数灯依次灭。

②偶数灯依次灭。

③L_0 到 L_9 依次灭。

（3）显示间隔 0.5 秒，1 秒可调。（可降低要求到 8 只 LED 灯）

8. 速度表

要求：

（1）显示汽车时速。

（2）车轮每转一圈，有一传感脉冲；每个脉冲代表 1 米的距离。（可用已有的可调脉冲代替）

（3）采样周期设为 10 秒。（每 10 秒刷新一次显示）

（4）要求显示到小数点后两位。

（5）用数码管显示。

（6）最高时速小于 300 千米/小时。（提高）

9. 彩灯控制器二

要求：

（1）有 8 只 LED：L_0，L_1，$\cdots$，L_7。

（2）显示顺序如表 4.3.1 所示。（可降低要求实现其中一些花样）

（3）显示间隔为 0.25 秒，0.5 秒，1 秒，2 秒可调。（提高）

表 4.3.1

序号	L_0	L_1	L_2	L_3	L_4	L_5	L_6	L_7
0	1	1	1	1	1	1	1	0
1	0	1	1	1	1	1	1	1
2	1	0	1	1	1	1	1	1
3	1	1	0	1	1	1	1	1
4	1	1	1	0	1	1	1	1
5	1	1	1	1	0	1	1	1
6	1	1	1	1	1	0	1	1
7	1	1	1	1	1	1	0	1
8	1	1	1	1	1	1	1	0
9	1	1	1	1	1	1	1	1
10	0	1	1	1	1	1	1	1
11	0	0	1	1	1	1	1	1

（续上表）

序号	L_0	L_1	L_2	L_3	L_4	L_5	L_6	L_7
12	0	0	0	1	1	1	1	1
13	0	0	0	0	1	1	1	1
14	0	0	0	0	0	1	1	1
15	0	0	0	0	0	0	1	1
16	0	0	0	0	0	0	0	1
17	0	0	0	0	0	0	0	0
18	1	0	0	0	0	0	0	0
19	1	1	0	0	0	0	0	0
20	1	1	1	0	0	0	0	0
21	1	1	1	1	0	0	0	0
22	1	1	1	1	1	0	0	0
23	1	1	1	1	1	1	0	0
24	1	1	1	1	1	1	1	0
25	1	0	0	0	0	0	0	0
26	0	1	0	0	0	0	0	0
27	0	0	1	0	0	0	0	0
28	0	0	0	1	0	0	0	0
29	0	0	0	0	1	0	0	0
30	0	0	0	0	0	1	0	0
31	0	0	0	0	0	0	1	0
32	0	0	0	0	0	0	0	1

10. 出租车计价器

要求：

（1）5 千米起计价，起始价为 10 元，每千米 1 元。

（2）传感器输出脉冲为 0.5 米/个。

（3）每 0.5 千米计算一次并显示，且提前显示。（只显示钱数）

11. 带显示的八音电子琴

要求：

（1）能发出 1、2、3、4、5、6、7、$\dot{1}$ 八个音。

（2）用按键作为键盘。（触点型开关）

（3）用数码管显示发出了哪个音。

（4）要求用功放驱动喇叭，保证功率和频率相匹配。

（5）C 调到 B 调对应频率如表 4.3.2 所示。

表 4.3.2

调	频率（Hz）
$\overset{\cdot}{C}$	261.63×2
B	493.88
A	440.00
G	392.00
F	349.23
E	329.63
D	293.66
C	261.63

12. 自动奏乐器一

要求：

（1）开机能自动奏一个乐曲，可以反复演奏。

（2）速度可变。（可降低难度，乐谱只做一半或者四分之一）

$$|\ 1\ 1\ 5\ 5\ |\ 6\ 6\ 5\ -\ |$$
$$|\ 4\ 4\ 3\ 3\ |\ 2\ 2\ 1\ -\ |$$
$$|\ 5\ 5\ 4\ 4\ |\ 3\ 3\ 2\ -\ |$$
$$|\ 5\ 5\ 4\ 4\ |\ 3\ 3\ 2\ -\ |$$

（3）附加：显示乐谱。（提高）

13. 自动奏乐器二

要求：

（1）开机能自动奏一个乐曲，可以反复演奏。

（2）速度可变。（可降低难度，乐谱只做一半或者四分之一）

$$|\ 1\ 3\ 1\ 3\ |\ 5\ 6\ 5\ -\ |\ 6\ 6\ 1\overset{\cdot}{6}\ |\ 5\ -\ -\ -\ |$$
$$|\ 6\ 6\ 1\overset{\cdot}{6}\ |\ 5\ 5\ 3\ 1\ |\ 2\ 2\ 3\ 2\ |\ 1\ -\ -\ -\ |$$

（3）附加：显示乐谱。（提高）

14. 自动打铃器

要求：

（1）有简易数字钟功能。（不包括校时等功能）

（2）可设置 6 个时间，定时打铃。（可降低要求，设置的时间为 2 个）

（3）响铃 5 秒钟。

15. 数字频率计

要求：

（1）输入为已有的脉冲信号，频率范围 0 ~ 99 MHz。（频率范围根据能力设计）

（2）用 5 个数码管显示。只显示最后的结果，不要将计数过程显示出来。

（3）单位为 Hz 和 kHz 两挡，自动切换。（提高）

16. 算术运算单元 ALU 的设计 （FPGA 设计）

要求：

（1）进行两个 4 位二进制数的运算。

（2）算术运算：A + B，A − B，A + 1，A − 1。

（3）逻辑运算：A and B，A or B，A not，A xor B。

注意：从整体考虑设计方案，优化资源的利用。

17. 游戏机

由 3 个数码管显示 0 ~ 7 之间的数码，按下按钮，3 个数码管循环显示，抬起按钮，显示停止，当显示内容相同时为赢。（要求可以检验相同的效果）

要求：

（1）3 个数码管循环显示的速度不同。

（2）停止时的延迟时间也要有所不同。

（3）如果赢了游戏时，要有数码管或 LED 的花样显示或声音提示。（提高）

18. 16 路数显报警器

要求：

（1）设计 16 路数显报警器，16 路中某一路断开时（可用高低电平表示断开和接通），用十进制数显示该路编号，并发出声音信号。

（2）报警时间持续 10 秒钟。

（3）当多路报警时，要有优先级，并将低优先级的报警存储，处理完高优先级报警后，再处理之。（提高）

19. 脉冲按键电话按键显示器

要求：

（1）设计一个具有 8 位显示的电话按键显示器。（可降低要求到 4 位、2 位）

（2）能准确反映按键数字。

（3）显示器显示从低位向高位前移，逐位显示，最低位为当前输入位。

（4）重按键时，能首先清除显示。（提高）

（5）摘下话机后才能有效拨号，挂机后熄灭显示。（提高）

20. 病房呼叫系统

要求：

（1）用 1 ~ 5 个开关模拟 5 个病房的呼叫输入信号，1 号优先级最高；1 ~ 5 优先级依次降低。

（2）用一个数码管显示呼叫信号的号码；无信号呼叫时显示"0"；有多个信号呼叫时，显示优先级最高的呼叫号。（其他呼叫号用指示灯显示）

（3）凡有呼叫发出持续 5 秒的呼叫声。

（4）对低优先级的呼叫进行存储，处理完高优先级的呼叫，再进行低优先级呼叫的处理。（提高）

21．简易自动电子钟

要求：

（1）用 24 小时制进行时间显示。

（2）能够显示小时数、分钟数。

（3）每秒钟要有秒闪烁指示。

（4）通电后从"00：00"开始显示。

22．具有数字显示的洗衣机时控电路

要求：

（1）洗衣机工作时间可在 1～15 分钟内任意设定。（整分钟数）

（2）规定电机运行规律为正转 20 秒、停 10 秒、反转 20 秒、停 10 秒、再正转 20 秒，以后反复运行。

（3）要求能显示洗衣机剩余工作时间，每当电机运行一分钟，显示计数器自动减 1，直到显示"0"时，电机停止运转。

（4）电机正转和反转要有指示灯指示。

23．篮球比赛数字记分牌

要求：

（1）分别记录两队得分情况。

（2）进球得分加 2 分，罚球进球得分加 1 分。

（3）纠正错判得分减 2 分或 1 分。

（4）分别用 3 个数码管显示器记录两队的得分情况。

24．电子日历

要求：

（1）能显示年、月、日、星期。

（2）例如："01. 11. 08　6"，星期日显示"8"。

（3）年、月、日，星期可调。

（4）不考虑闰年。（可降低要求不显示 2 月的日期）

25．用电器电源自动控制电路

要求：

（1）控制电路能使用电器的电源自动开启 30 秒，然后自动关闭 30 秒，如此周而复始地工作，要有工作状态指示。

（2）当电源接通时，可随时采用手动方式切断电源；当电源切断时，可随时采用手动方式接通电源。

（3）若手动接通，可由定时信号断开，然后进入自动运行状态，反之亦然。

（4）定时范围 0～60 分钟，要有分秒的倒计时显示。（提高）

26. 设计模拟中央人民广播电台报时电路

要求：

（1）当计时器运行到 59 分 49 秒时开始报时，每鸣叫 1 秒就停叫 1 秒，共鸣叫 6 响；前 5 响为低音，频率为 750Hz；最后 1 响为高音，频率为 1kHz。

（2）至少要有分秒显示。

27. 数字跑表

要求：

（1）暂停/启动功能。

（2）具有重新开始功能。

（3）用 6 个数码管分别显示百分秒、秒和分钟。

28. 数字电压表

要求：

（1）0~5V 输入。

（2）用 3 个数码管显示；有小数点的显示；显示小数后两位，如 0.01；只显示最后结果，不要显示中间结果。

29. 电梯控制器

要求：

（1）两路电梯，楼高 5 层。

（2）相互之间具有优先级判断。

第二编　模拟电子技术实验

第5章　模拟电子技术实验

5.1　模拟电子技术实验课须知

1. 模拟电子技术实验课的意义和目的要求

模拟电子技术是一门应用性很强的课程，该课程的特点是强调实践与理论相结合，注重工程观念的培养和专业训练。在验证实验的过程中，既能验证理论的正确性和实用性，又能从中发现理论的近似性和局限性。设计性实验可以培养学生的综合创新能力。

通过模拟电子技术实验课，巩固和加深电子技术的基础理论和基本概念，让学生接受必要的基本实验技能的训练，学会识别和选择所需的元器件，训练学生设计、安装和调试实验电路，培养学生的实际动手能力、分析问题和解决问题的能力以及综合设计能力和创新能力。

2. 模拟电子技术实验课的环节

为了达到模拟电子技术实验课的目的和要求，必须做好实验预习、实验过程、实验报告等几个主要环节。

（1）实验预习。

实验能否顺利进行并达到预期的效果，很大程度上取决于实验预习和准备工作是否充分。因此，每次实验前必须详细阅读实验讲义，明确每次实验的目的与任务，掌握必要的实验理论和方法，了解实验内容和实验设备的使用方法。预习要求如下：

①认真阅读实验指导书，分析、掌握实验电路的工作原理，并进行必要的估算。

②完成各实验"预习要求"中指定的内容。

③熟悉实验任务。

④复习实验中所用仪器的使用方法及注意事项。

（2）实验过程。

正确的操作程序和良好的工作方法是实验顺利进行的保证。因此，进行实验时要求做到：

①按编号入座后，认真检查每次实验使用元器件的型号、规格和数量，看是否符合要求，检查所用电子仪器设备的状况，若发现故障应及时报告指导教师并给予排除，以免耽误上课时间。

②认真听取指导教师对实验的介绍。

③根据实验电路的结构特点，采用合理的接线步骤，一般按先串联后并联，先接

主电路后接辅电路的顺序进行，以免遗漏和重复。接线完毕要自查。

④实验电路接好后，检查无误方可接入电源（注意：接入电源前要调整好电源，使其大小和极性符合实验要求）。要养成实验前先接实验电路后接通电源，实验完毕先断开电源后拆实验电路的操作习惯。

⑤电路接通后，不要急于测定数据，要按实验预习时所预期的实验结果，粗略地测量几组数据（为便于检查实验数据的正确性，实验时应带计算器）。读取数据时，要尽可能在仪器仪表的同一量程内读数，以减少由于仪器仪表量程不同而引起的误差。

⑥在进行实验的过程中，若发现有异常气味或危险现象时，应立即切断电源并报告教师，等故障排除后方可继续实验。

⑦要认真细致地测量数据和调整仪器，并注意人身安全和设备安全，在电压超过220V的情况下操作时要特别小心，以免发生触电事故。

⑧如实验中要求绘制曲线，至少要读取10组数据，而且在曲线的弯曲部分应多读几组数据，这样画出的曲线就比较平滑准确。

⑨测量数据经自审无误后送指导教师复核，经检查正确后再拆电路，以免因数据错误需要重新接线测量而花费时间。

⑩实验结束后，应做好仪器设备和导线的整理以及实验台面的清洁工作，做到善始善终。

（3）实验报告。

实验报告是实验工作的全面总结。写报告的过程，就是对电路的设计方法和实验方法加以总结，对实验数据加以处理，对所观察的现象、所出现的问题以及采取的解决方法加以分析和总结的过程。实验报告要求语句通顺、简明扼要、字迹端正、图表清晰、分析合理、结论正确。

具体要求如下：

①简述实验目的、实验原理、实验过程。

②对实验的原始数据进行整理，用适当的表格列出测量值和理论值，按要求绘制好波形图、曲线图等。

③运用实验原理和掌握的理论知识对实验结果进行必要的分析和说明，从而得出正确的结论。

④对实验中存在的一些问题进行讨论，并回答思考题。

⑤对实验方法、实验电路的选择、老师的教学方法等提出有创造性的意见。

3. 实验安全措施

（1）人身安全。

①在实验时，不允许赤脚，各种仪器设备应有良好的接地线。

②在仪器设备、实验装置中，通过强电的连接导线应有良好的绝缘外套，芯线不能外露。

③在进行强电或具有一定危险性的实验时，应至少由两人共同合作；测量高压时，通常采用单手操作并站在绝缘垫上。在接通220V交流电源前，应通知实验合作者。

④万一发生触电事故时，应迅速切断电源，如距电源开关较远，可用绝缘器件将

电源线切断，使触电者立即脱离电源，并采取必要的急救措施。

（2）仪器安全。

①使用仪器时，应认真阅读使用说明书，掌握仪器的使用方法和注意事项。

②使用仪器时，应按照要求正确接线。

③实验中要有目的地扳（旋）动仪器面板上的开关（或旋钮），扳（旋）动时切忌用力过猛。

④实验过程中，必须集中精神。当嗅到焦臭味，见到冒烟和火花，听到噼啪声，感到仪器过烫及出现保险丝熔断等异常现象时，应立即切断电源，在故障未排除前不得再次开机。

⑤搬动仪器设备时，必须轻拿轻放；未经允许不得随意调换仪器，更不准擅自拆卸仪器设备。

⑥仪器使用完毕，应将面板上各旋钮、开关置于合适的位置。

5.2 单级共射放大电路实验

1. 实验目的

（1）识别常用电子元器件和熟悉模拟电路实验箱。

（2）掌握放大电路静态工作点的调试方法及其对放大电路性能的影响。

（3）学习测量放大电路 Q 点，A_V，R_i，R_o 的方法，了解单级共射放大电路的特性。

（4）了解放大电路的动态性能。

2. 实验仪器设备

（1）示波器。

（2）低频信号发生器（输出峰—峰值）。

（3）数字万用表。

（4）分立元件放大电路模块。

3. 预习要求

（1）了解三极管及单管放大电路的工作原理。

（2）学习放大电路的动态及静态测量方法。

（3）若 β 为 100 时，$r_{bb} = 200\Omega$，估算实验图 5.2.1 大致的静态工作点参数，并填写在实验报告相应的表格中。

（4）画出图 5.2.1 放大电路的交流等效电路图。

（5）给定 u_i、R_c、R_L，写出理论计算图 5.2.1 的输入、输出电阻，空载放大倍数等的表达式，并代入数据，把计算结果填入相应表格中。

4. 实验原理

图 5.2.1 为电阻分压式单级共射放大电路图。其偏置电路采用 R_{b1} 和 R_{b2}、R_p（100kΩ 和 1MΩ 可选）组成的分压电路，在发射极中接有电阻 R_E（由 R_{e1} 和 R_{e2} 组成），

以稳定放大器的静态工作点。当在放大器的输入端加小信号 u_i 后，在放大器的输出端（C 端）可得到一个与 u_i 相位相反、幅值放大的输出信号 u_o，从而实现电压放大。

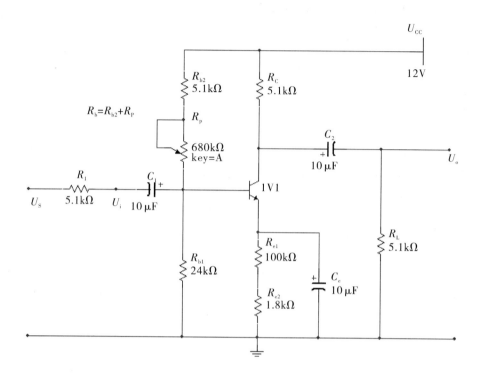

图 5.2.1　单级共射放大电路

在图 5.2.1 所示电路中，当流过偏置电阻 R_{b1} 和 R_{b2} 的电流远大于晶体管 1V1 的基极电流 I_B 时（一般为 5 ~ 10 倍），则放大电路的静态工作点可用以下关系式来估算：

$$U_B \approx \frac{R_{b1}}{R_{b1} + R_b} U_{CC} \quad （其中，R_b = R_{b2} + R_p）$$

$$I_E \approx \frac{U_B - U_{BE}}{R_E} \approx I_C$$

$$U_{CE} = U_{CC} - I_C (R_C + R_E)$$

电压放大倍数 $\qquad A_V = -\beta \dfrac{R_C /\!/ R_L}{r_{be}}$

输入电阻 $\qquad R_i = R_{b1} /\!/ R_b /\!/ r_{be}$

输出电阻 $\qquad R_o \approx R_C$

由于分离电子元件性能的固有分散属性，因此在设计、制作晶体管放大电路时，离不开必要的测量和调试。在设计前应测量所用元器件的参数，为电路设计提供必要的依据，在完成设计和装配以后，还必须测量和调试放大电路的静态工作点及各项性能指标。一个优质实用的放大电路，是理论设计与实验调整相结合的产物。放大电路的测量和调试一般包括静态工作点的测量与调试以及各项动态参数的测量与调试等。

（1）放大电路静态工作点的测量与调试。

①静态工作点的测量。

测量放大器的静态工作点，应在输入信号 $u_i = 0$ 的情况下进行，即将放大器输入端与地端短接，然后选用量程合适的数字万用表的直流毫安挡和直流电压挡，分别测量晶体管的集电极电流 I_C 以及各电极对地的电位 U_B、U_C 和 U_E。实验中，为了避免断开集电极，一般采用测量电压 U_E 或 U_C，然后算出 I_C 的方法，例如，只要测出 U_E，即可用 $I_C \approx I_E = U_E / R_E$ 算出 I_C［也可根据 $I_C = (U_{CC} - U_C)/R_C$，由 U_C 确定 I_C］，同时也能算出 $U_{BE} = U_B - U_E$，$U_{CE} = U_C - U_E$。

为了减小误差，提高测量精度，应选用内阻较高的直流电压表。

②静态工作点的调试。

放大器静态工作点的调试是指对管子集电极电流 I_C（或 U_{CE}）的调整与测试。静态工作点合适与否，对放大器的性能和输出波形都有很大的影响。拿 NPN 型管子为例，若工作点偏高，在输入交流信号以后，放大器易产生饱和失真，此时 u_o 的负半周将被削底，如图 5.2.2（a）所示；若工作点偏低，则易产生截止失真，即 u_o 的正半周被缩顶（一般截止失真不如饱和失真明显），如图 5.2.2（b）所示。如此情形，都不符合不失真放大的要求。所以在选定工作点后还必须进行动态调试，即在放大器的输入端输入一定的输入电压 u_i，检查输出电压 u_o 的大小和波形是否满足要求。若不满足，则应调节静态工作点的位置。

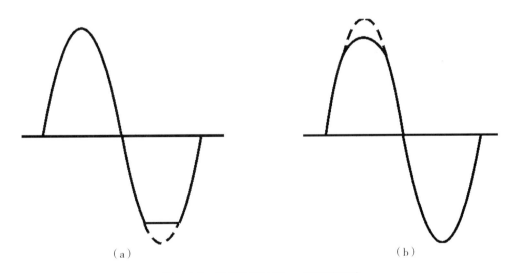

（a）　　　　　　　　　　　　（b）

图 5.2.2　静态工作点对 u_o 波形的影响

改变电路参数 U_{CC}、R_C、R_b（R_{b1}、R_{b2}）都会引起静态工作点的变化，如图 5.2.3 所示。通常多采用调节偏置电阻 R_b 的方法来改变静态工作点，如减小 R_b，则可使静态工作点提高。

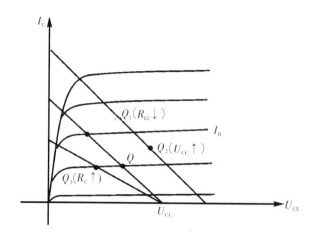

图 5.2.3 电路参数对静态工作点的影响

最后还要说明的是，上面所说的工作点"偏高"或"偏低"不是绝对的，应该是相对输入信号 u_i 的幅度而言，如输入信号幅度很小，即使工作点较高或较低也不一定会出现失真情况。所以确切地说，产生波形失真是信号幅度与静态工作点设置配合不当所致。如需满足较大信号幅度的要求，静态工作点最好靠近交流负载线的中点。

（2）放大器动态指标测试。

放大器动态指标包括电压放大倍数、输入电阻、输出电阻、最大不失真输出电压（动态范围）和通频带等。

①电压放大倍数 A_V 的测量。

调整放大器到合适的静态工作点，然后在输入端输入动态电压信号 u_i，在输出电压 u_o 不失真的情况下，用示波器测量出 u_i 和 u_o 的幅值 U_i 和 U_o，则

$$A_V = U_o / U_i$$

②输入电阻 R_i 的测量。

为了测量放大器的输入电阻，按图 5.2.4 所示电路在被测放大器的输入端与信号源之间串接一已知电阻 R，在放大器正常工作的情况下，用示波器测出 U_S 和 U_i，根据输入电阻的定义可得

$$R_i = U_i / I_i = U_i / (U_R / R) = [U_i / (U_S - U_i)] \times R$$

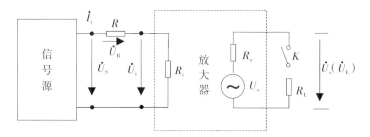

图 5.2.4 输入、输出电阻测量电路

测量时应注意下列几点：

a. 由于电阻 R 两端没有电路公共接地点，所以测量 R 两端电压 U_R 时必须分别测出 U_S 和 U_i，然后按 $U_R = U_S - U_i$ 求出 U_R 值。

b. 电阻 R 的值不宜过大或过小，以免产生较大的测量误差，通常 R 与 R_i 为同一数量级，本实验中 R 为几千欧即可。

③输出电阻 R_o 的测量。

按图 5.2.4 所示电路，在放大器正常工作的条件下，用示波器测出输出端不接负载 R_L 的输出电压 U_o 和接入负载 R_L 后的输出电压 U_L，根据

$$U_L = U_o \times R_L / (R_o + R_L)$$

即可求得

$$R_o = (U_o / U_L - 1) R_L$$

在测试中应注意，必须保持 R_L 接入前后输入信号的大小不变。

④最大不失真输出电压 U_{om} 的测量（最大动态范围）。

如上所述，为了得到最大动态范围，应将静态工作点调至交流负载线的中点。即在放大器正常工作情况下，逐步增大输入信号的幅度，同时调节 R_p（改变静态工作点），用示波器观察 u_o，当输出波形同时出现削底和缩顶现象（图 5.2.5）时，说明静态工作点已调至交流负载线的中点。然后反复调整输入信号，当波形输出幅度最大且无明显失真时，用示波器直接读出 U_{om}。

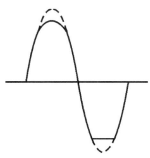

图 5.2.5 静态工作点正常，输入信号太大引起的失真

⑤放大器幅频特性的测量。

放大器的幅频特性是指放大器的电压放大倍数 A_V 与输入信号频率 f 之间的关系曲

线。单管阻容耦合放大电路的幅频特性曲线如图 5.2.6 所示，A_{Vm} 为中频电压放大倍数，通常规定电压放大倍数随频率变化下降到中频放大倍数的 $1/\sqrt{2}$ 倍，即 $0.707A_{Vm}$ 所对应的频率分别称为下限频率 f_L 和上限频率 f_H，则通频带 $f_{BW} = f_H - f_L$。

放大器的幅频特性就是测量不同频率信号下的电压放大倍数 A_V。为此，可采用前述测 A_V 的方法，每改变一个信号频率，测量其相应的电压放大倍数，测量时应注意取点要恰当，在低频段与高频段应多测几点，在中频段可以少测几点。此外，在改变频率时，要保持输入信号的幅度不变，且输出波形不得失真。

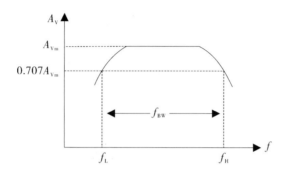

图 5.2.6　单管阻容耦合放大电路的幅频特性曲线

5. 实验内容及步骤

（1）实验电路：单级共射放大电路（图 5.2.1）。

①用数字万用表判断实验箱上三极管 1V1 的极性和好坏，电解电容 C 的极性和好坏。

②按图 5.2.1 所示连接电路（注意：接线前先测量 +12V 电源，断开电源后再连线），将 R_p 的阻值调至最大。

③接线完毕仔细检查，确定无误后接通电源。改变 R_p，记录 I_C 分别为 0.5mA、1mA、1.5mA 时三极管 1V1 的 β 值（注意 I_b 的测量和计算方法）。

（2）静态调整。

调整 R_p，使 $U_E = 2.2V$，计算并填入表 5.2.1 中。

表 5.2.1

测量值			计算值	
$U_{BE}(V)$	$U_{CE}(V)$	$R_b(k\Omega)$	$I_B(\mu A)$	$I_C(mA)$

（3）动态研究。

①将信号源调到频率为 1kHz、幅值为 1 至 3mV 的某一值，接到放大器输入端 U_i，用示波器观察 U_i 和 U_o 端的波形，并比较相位。

②保持信号源频率不变，逐渐加大信号幅度，用示波器观察 U_o 不失真时的最大

值，并填入表5.2.2中。

表5.2.2

测量值		根据测量的计算值	理论估算值
$U_i(mV)$	$U_o(V)$	A_V	A_V

③保持 $U_i = 5mV$ 不变，将放大器接入不同 R_C 和不同的负载 R_L 并测量，然后将计算结果填入表5.2.3中。

表5.2.3

给定参数		测量值		根据测量的计算值	理论估算值
$R_C(k\Omega)$	$R_L(k\Omega)$	$U_i(mV)$	$U_o(V)$	A_V	A_V
2	5.1				
2	2.2				
5.1	5.1				
5.1	2.2				

④保持 $U_i = 5mV$ 不变，增大和减小 R_P，观察 U_o 端波形变化，测量并填入表5.2.4中。

表5.2.4

R_P	U_B	U_C	U_E	输出波形情况
最大				
合适				
最小				

注：若失真现象不明显，可适当增大或减小 U_i 幅值并重测。

（4）参照输入、输出电阻测量电路图（图5.2.4），测量放大电路的输入、输出电阻。

①输入电阻的测量。

在输入端串接一个电阻 $R_1 = 5.1k\Omega$，用示波器分别测量 U_S 与 U_i，即可计算 r_i。

②输出电阻的测量。

在输出端接入可调电阻作为负载，选择合适的 R_L 值，使放大器输出不失真（接示波器监视），用示波器分别测量带负载和空载时的 U_o，即可计算 r_o。

将上述测量及计算结果填入表5.2.5中。

表5.2.5

测输入电阻 $R = 5.1\text{k}\Omega$				测输出电阻			
测量值		实测计算值	估算值	测量值		实测计算值	估算值
U_s	U_i	r_i	R_i	U_o $R_L = \infty$	U_o $R_L =$	r_o	R_o

6. 思考题

（1）列表整理测量结果，并把实测的静态工作点、电压放大倍数、输入电阻值、输出电阻值与理论计算值比较（取一组数据进行比较），分析产生误差的原因。

（2）总结 R_C，R_L 及静态工作点对放大器电压放大倍数、输入电阻、输出电阻的影响。

（3）讨论静态工作点变化对放大器输出波形的影响。

（4）分析在调试过程中出现的问题。

5.3 阻容耦合两级放大电路实验

1. 实验目的

（1）观察多级放大电路级间耦合的相互影响，掌握合理设置静态工作点的方法。

（2）学会阻容耦合两级放大电路的频率特性测量方法。

（3）了解放大器的失真及消除方法。

2. 实验仪器设备

（1）示波器。

（2）数字万用表。

（3）信号发生器。

（4）分立元件放大电路模块。

3. 预习要求

（1）复习教材多级放大电路内容及频率特性测量方法。

（2）分析图 5.3.1 所示两级交流放大电路，画出交流等效电路图。

（3）写出图 5.3.1 所示电路的输入、输出电阻，放大倍数的表达式，并根据图中提供的参数初步估计测试内容的变化范围。其中，假设 β 为 100，$r_{bb} = 200\Omega$。

4. 实验原理

（1）对于两级放大电路，习惯上规定第一级是从信号源到第二个晶体管 V2 的基极，第二级是从第二个晶体管 V2 的基极到负载，这样两级放大器的电压总增益 A_V 为：

$$A_V = \frac{V_{o2}}{V_{i1}} = \frac{V_{o2}}{V_{i2}} \cdot \frac{V_{o1}}{V_{i1}} = A_{V1} \cdot A_{V2}$$

式中电压均为有效值，且 $V_{o1} = V_{i2}$，由此可见，两级放大器电压总增益是单级电压增益的乘积，此结论可推广到多级放大器。

当忽略三极管 V2 偏流电阻 R_b 的影响，则放大器的中频电压增益为：

$$A_{V1} = \frac{V_{o1}}{V_{i1}} = -\frac{\beta_1 R'_{L1}}{r_{be1}} = -\beta_1 \frac{R_{C1}//r_{be2}}{r_{be1}}$$

$$A_{V2} = \frac{V_{o2}}{V_{i2}} = \frac{V_{o2}}{V_{o1}} = -\frac{\beta_2 R'_{L2}}{r_{be2}} = -\beta_2 \frac{R_{C2}//R_L}{r_{be2}}$$

$$A_V = A_{V1} \cdot A_{V2} = \beta_1 \frac{R_{C1}//r_{be2}}{r_{be1}} \cdot \beta_2 \frac{R_{C2}//R_L}{r_{be2}}$$

必须注意的是，A_{V1}、A_{V2} 都是考虑了下一级输入电阻（或负载）的影响，所以第一级的输出电压即为第二级的输入电压，而不是第一级的开路输出电压；当第一级增益已计入下级输入电阻的影响后，在计算第二级增益时，就不必再考虑前级的输出阻抗，否则计算就重复了。

（2）在两级放大器中 β 和 I_E 的提高，必须全面考虑，β 和 I_E 是前后级相互影响的关系。

（3）对于两级电路参数相同的放大器而言，其单级通频带相同，而总的通频带将变窄。

$$G_{uo} = G_{u1o} + G_{u2o}$$

式中，$G_u = 20\lg A_V$（dB）

5. 实验内容及步骤

（1）两级交流放大电路见图5.3.1。

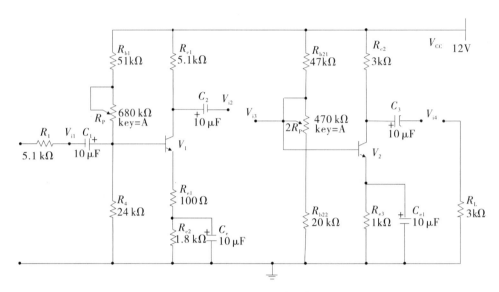

图 5.3.1　两级交流放大电路

V_1 的 e 极要下接 100Ω 及 1.8kΩ 电阻，同时在 1.8kΩ 电阻上接个旁路电容，组成反馈回路，才能避免因第一级放大倍数偏大而造成第二级放大的失真。

（2）实验步骤。

①按图接线，检查无误后方可接上电源，注意接线尽可能短。

②静态工作点设置与调整。在保证第二级输出波形不失真的前提下，力求其输出幅值尽量大，具体可通过调整 $2R_p$，使得第二级静态工作点尽量处于交流负载线的中点；而第一级为了增加信噪比，静态工作点应尽可能设置得低些，通过调整 R_p，可实现第一级静态工作点的调节。

③在输入端接入 1kHz、幅度为 1mV 的交流信号（从信号源直接引出，若信号源没有合适的，一般采用实验箱上加衰减的办法，即信号源用一个较大的信号，例如 100mV，在实验板上经 100∶1 衰减，电压降为 1mV），微调 R_p 和 $2R_p$，调整工作点，使输出信号不失真。

④撤掉输入信号，利用数字万用表测量并记录第一、二级的静态工作点到表 5.3.1 中，注意：测静态工作点时应断开输入信号，每级单独测试。

如发现有寄生振荡现象，可采用以下措施消除：

a. 重新布线，走线尽可能短；

b. 可在三极管 eb 间加几皮法到几百皮法的电容；

c. 信号源与放大器用屏蔽线连接。

⑤输入频率为 1kHz、幅值适中的信号，用示波器观察输出波形，在保证输出信号不失真的前提下，利用示波器测量 V_i 及第一、二级输出电压 V_{o1} 和 V_{o2}，分别计算每级

的电压放大倍数及总放大倍数，并将结果填入表 5.3.1 中。

表 5.3.1

	静态工作点						输入/输出电压（mV）			电压放大倍数		
	第 1 级			第 2 级						第 1 级	第 2 级	整体
	V_{C1}	V_{B1}	V_{E1}	V_{C2}	V_{B2}	V_{E2}	V_i	V_{o1}	V_{o2}	A_{V1}	A_{V2}	A_V
空载												
负载												

⑥接入阻值为 3kΩ 的负载电阻 R_L，按表 5.3.1 测量并计算，比较不同大小的负载对放大倍数的影响。

⑦将放大电路第一级的输出与第二级的输入在连接处断开，使两级放大电路变成两个彼此独立的单级放大电路，两级电路分别输入合适大小的信号，并分别测量输入、输出电压，计算每级的放大倍数。注意：单独测第二级的放大倍数时，动态信号应通过电容耦合进去，比如第二级的动态信号通过电容 C_2 耦合进去。此步骤应保持静态工作点同前，输出端皆为空载。将测量结果填入表 5.3.2 中。

表 5.3.2

第一级			第二级			
输入电压	输出电压	放大倍数	输入电压	输出电压	放大倍数	$A_V = A_{V1} \cdot A_{V2}$
V_{i1}（mV）	V_{o1}（mV）	A_{V1}	V_{i2}（mV）	V_{o2}（mV）	A_{V2}	A_V

⑧测两级放大器的频率特性。

a. 将放大电路的负载断开，先将输入信号的频率调至 1kHz，调节其幅度使输出幅度最大而不失真。

b. 改变输入信号的频率（由低到高），先大致观察在哪一个下限频率和哪一个上限频率输出幅度下降，然后保持输入信号幅度不变，按表 5.3.3 测量并记录。

c. 接入负载，重复上述实验。

表 5.3.3

f（Hz）		50	100	250	500	1 000	2 500	5 000	10 000	20 000
V_o（V）	$R_L = \infty$									
	$R_L = 3k\Omega$									

6. 思考题

（1）整理实验数据，分析实验结果。

（2）画出实验电路的频率特性简图，标出 f_H 和 f_L。

（3）写出增加频率范围的方法。

5.4　差分放大电路实验

1. 实验目的

（1）熟悉差分放大电路的工作原理。

（2）掌握差分放大电路的特性。

（3）掌握差分放大电路的基本测试方法。

2. 实验仪器设备

（1）示波器。

（2）数字万用表。

（3）信号源。

（4）差分放大模块。

3. 预习要求

（1）计算图 5.4.1 的静态工作点（设 $r_{be} = 3k\Omega$、$\beta = 100$）和电压放大倍数，以及表格中需要理论计算的放大倍数等。

（2）在图 5.4.1 的基础上画出单端输入和共模输入的电路。

4. 实验原理

差分放大电路是采用两个对称的单管放大电路并利用电路结构的对称性组成的，如图 5.4.1 所示，它抑制零点漂移的能力较强。当静态时，由于电路对称、两管的集电极电流相等，管压降也相等，所以总的输出变化电压 $\Delta V_o = 0$。当有信号输入时，因每个均压电阻 R 相等，所以在晶体管 V1 和 V2 的基极加入的是大小相等、方向相反的差模信号电压，即 $\Delta V_{i1} = -\Delta V_{i2} = \frac{1}{2}\Delta V_i$，则放大器总输出电压的变化量 $\Delta V_o = \Delta V_{o1} - \Delta V_{o2}$。

因为 $\Delta V_{o1} = -A_{V1}\left(\frac{1}{2}\Delta V_i\right)$，$\Delta V_{o2} = -A_{V2}\left(-\frac{1}{2}\Delta V_i\right)$，

其中 A_{V1} 和 A_{V2} 分别为 V1、V2 组成单管放大器的放大倍数，

所以 $\Delta V_o = -\frac{1}{2}A_{V1}\cdot\Delta V_i - \frac{1}{2}A_{V2}\cdot\Delta V_i = -\frac{1}{2}(A_{V1}+A_{V2})\Delta V_i$。

当电路完全对称时，$A_{V1} = A_{V2} = A_V$，

则 $\Delta V_o = -A_V\cdot\Delta V_i$，即 $A_V = \frac{\Delta V_o}{\Delta V_i} = \frac{\Delta V_{o1}}{\Delta V_{i1}} = \frac{\Delta V_{o2}}{\Delta V_{i2}}$。

由此可见，双输入双输出差分放大器的差模放大倍数与单管放大器相同。

实验采用图 5.4.1 所示电路，图中 V_3 用作恒流源，其 I_{C3} 基本上不随 V_{CE3} 变化，能达到抑制零点漂移的作用。其抑制原理是，若温度升高，静态电流 I_{C1}、I_{C2} 都增大，I_{C3}

增大，引起 R_e 上压降增大，但因 V_{B3} 固定不变，则迫使 V_{BE3} 下降，随着 V_{BE3} 下降，便抑制了 I_{C3} 的增大，又因为 $I_{C3} = I_{C1} + I_{C2}$，同样，I_{C1} 和 I_{C2} 也就受到了抑制，这样一来，便达到了抑制零漂的目的。

为了表征差分放大电路对共模信号的抑制能力，引入共模抑制比 CMRR，其定义为，差分放大电路对差模信号的放大倍数 A_d 与对共模信号的放大倍数 A_C 之比值。

$$CMRR = \frac{A_d}{A_C}$$

5. 实验内容及步骤

差分放大电路如图 5.4.1 所示，注意差分放大电路的正负电源，不要反接。

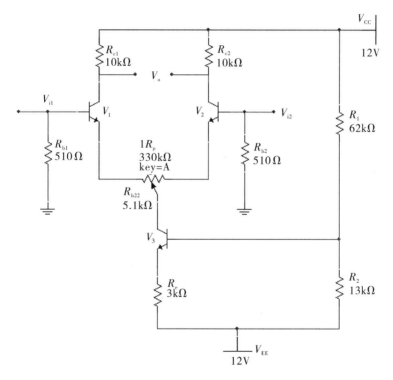

图 5.4.1　差分放大电路

（1）静态工作点的测量。

①调零。

将差分放大电路的输入端短路并接地，然后接通直流电源，再耐心细致地调节 V_1 和 V_2 间的电位器 $1R_P$，使双端输出电压 $V_o = 0$。

②测量静态工作点。

测量 V_1、V_2、V_3 各极对地电压并将测量结果填入表 5.4.1 中。

表 5.4.1

对地电压	V_{C1}	V_{B1}	V_{E1}	V_{C2}	V_{B2}	V_{E2}	V_{C3}	V_{B3}	V_{E3}
测量值（V）									

（2）测量差模电压放大倍数。

在图示的输入端加入直流电压信号 $V_{id} = \pm 0.1V$，按表 5.4.2 要求测量并记录，由测量数据算出单端和双端输出的电压放大倍数。测量时，注意先调好直流 DC 信号的 OUT 1 和 OUT 2，使其分别为 $+0.1V$ 和 $-0.1V$，再接到 V_{i1} 和 V_{i2}。

（3）测量共模电压放大倍数。

将差分电路输入端 b_1、b_2 短接，接上信号源，信号源要求与差分电路共地。DC 信号分先后接输出端 OUT 1 和输出端 OUT 2，分别测量并记入表 5.4.2 中。由测量数据算出单端和双端输出的电压放大倍数，最后算出其共模抑制比 $CMRR = \dfrac{A_d}{A_C}$。

表 5.4.2

输入信号 V_i	差模输入						共模输入						共模抑制比
	测量值（V）			计算值（V）			测量值（V）			计算值（V）			计算值
	V_{C1}	V_{C2}	V_o	A_{d1}	A_{d2}	A_d	V_{C1}	V_{C2}	V_o	A_{C1}	A_{C2}	A_C	CMRR
$+0.1V$													
$-0.1V$													

（4）单端输入的差分放大电路实验。

①在图 5.4.1 所示电路中，将 b_2 接地，组成单端输入差分放大器。在 b_1 端输入直流信号 $V_i = \pm 0.1V$，测量单端及双端输出，填写表 5.4.3，记录电压值。计算单端输入时，单端及双端输出的电压放大倍数，并与双端输入时的单端及双端差模电压放大倍数进行比较。

表 5.4.3

输入信号	测量及计算值			
	电压值			放大倍数（A_V）
	V_{C1}	V_{C2}	V_o	
直流（$+0.1V$）				
直流（$-0.1V$）				
正弦信号（50mV、1kHz）				

②在 b_1 端输入正弦交流信号（$V_i = 0.05V$、$f = 1kHz$），分别测量、记录单端及双端输出电压。填入表 5.4.3 中并计算单端及双端的差模放大倍数。

注意：输入交流信号时，用示波器监视 V_{C1}、V_{C2} 波形，若有失真现象时，可减小输入电压值，直到 V_{C1}、V_{C2} 都不失真为止。

6. 思考题

（1）根据实测数据计算图 5.4.1 电路的静态工作点，与预习计算结果相比较。

（2）整理实验数据，计算各种接法的 A_d，并与理论计算值相比较。

（3）计算实验步骤（3）中 A_C 和 CMRR 值。

（4）总结差分电路的性能和特点。

5.5 负反馈放大电路实验

1. 实验目的

（1）理解负反馈对放大电路性能的影响。

（2）掌握反馈放大电路性能的测试方法。

2. 实验仪器设备

（1）示波器。

（2）信号发生器。

（3）数字万用表。

（4）分立元件放大电路模块。

3. 预习要求

（1）认真阅读实验内容及要求，做必要的估算，预测待测量内容的变化趋势。

（2）判断实验电路图属于哪种类型的反馈放大电路，并写出此类型反馈放大电路的特征参数表达式，如反馈系数、电压放大倍数等。

（3）若图 5.5.1 所示电路中晶体管 β 值为120，计算该放大电路的开环和闭环电压放大倍数。

4. 实验原理

放大电路中采用负反馈，在降低放大倍数的同时，可使放大电路的某些性能大大改善。负反馈的类型有多种，本实验将以一个电压串联负反馈的两级放大电路为例，如图 5.5.2 所示。C_F、R_F 从第二级 V_2 的集电极接至第一级 V_1 的发射极构成负反馈。

下面列出负反馈放大器的有关公式，供同学们验证分析时参考。

（1）放大倍数和放大倍数稳定度。

负反馈放大器可以用图 5.5.1 来表示：

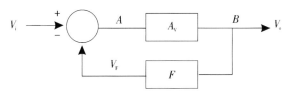

图 5.5.1 负反馈放大器

负反馈放大器的放大倍数为 $A_{VF} = \dfrac{A_V}{1 + A_V F}$

式中，A_V 称为开环放大倍数，反馈系数 $F = \dfrac{R_{e1}}{R_{e1} + R_F}$

反馈放大器反馈放大倍数稳定度与无反馈放大器反馈放大倍数稳定度有如下关系：

$$\frac{\Delta A_{Vf}}{A_{Vf}} = \frac{\Delta A_V}{A_V} \cdot \frac{1}{1 + A_V F}$$

式中，$\dfrac{\Delta A_{Vf}}{A_{Vf}}$ 称负反馈放大器的放大倍数稳定度；

$\dfrac{\Delta A_V}{A_V}$ 称无反馈放大器的放大倍数稳定度。

由上式可知，负反馈放大器比无反馈放大器的稳定度提高了（$1 + A_V F$）倍。

（2）频率响应特性。

引入负反馈后，放大器的频率响应曲线的上限频率 f_{Hf} 比无反馈时扩展（$1 + A_V F$）倍，即 $f_{Hf} = （1 + A_V F）f_h$，

而下限频率比无反馈时缩小到 $\dfrac{1}{1 + A_V F}$ 倍，即 $f_{Lf} = \dfrac{f_L}{1 + A_V F}$。

由此可见，负反馈放大器的频带变宽。

（3）非线性失真系数。

根据定义得 $D = \dfrac{V_d}{V_1}$

式中，V_d 为谐波成分总和（$V_d = \sqrt{V_2^2 + V_3^2 + V_4^2 + \cdots}$，其中 V_2，V_3，…分别为二次、三次、……谐波成分的有效值）；V_1 为基波成分有效值。

在负反馈放大器中，由非线性失真产生的谐波成分比无反馈时缩小到 $\dfrac{1}{1 + A_V F}$ 倍，即 $V_{df} = \dfrac{V_d}{1 + A_V F}$。同时，由于保持输出的基波电压不变，因此非线性失真系数 D 也缩小到 $\dfrac{1}{1 + A_V F}$ 倍，即 $D_f = \dfrac{D}{1 + A_V F}$。

5. 实验内容及步骤

（1）负反馈放大电路开环和闭环放大倍数的测试。实验电路如图 5.5.2 所示。

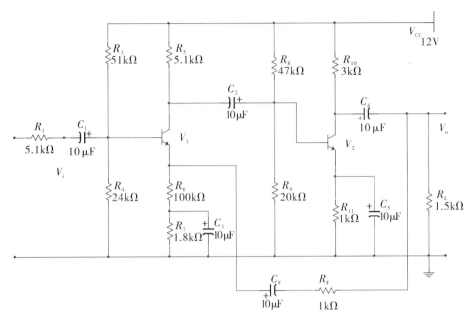

图 5.5.2 负反馈放大电路

①开环电路。

a. 按图 5.5.2 接线，R_F 先不接入。

b. 输入端接入 $V_i = 1mV$ 、$f = 1kHz$ 的正弦波（若没合适的，则输入 1mV 信号，采用输入端衰减法，见实验 5.3）。调整接线和参数使输出不失真且无振荡（参考实验 5.3）。

c. 按表 5.5.1 要求进行测量并填表。

d. 根据实验测量值计算开环放大倍数和输出电阻 r_o。

②闭环电路。

a. 接入 R_F，按要求调整电路。

b. 按表 5.5.1 要求测量并填表，计算 A_{Vf}。

c. 根据实测结果，验证 $A_{Vf} \approx 1/F$。

表 5.5.1

	$R_L(k\Omega)$	$V_i(mV)$	$V_o(mV)$	$A_V(A_{Vf})$
开环	∞	1		
	1.5	1		
闭环	∞	1		
	1.5	1		

（2）负反馈对失真的改善作用。

①断开反馈支路，将图5.5.2电路开环，逐步加大V_i幅度，使输出信号出现失真（注意不要过分失真），记录失真波形幅度。

②接入反馈支路，将电路闭环，观察输出情况，并适当增加V_i幅度，使输出幅度接近开环时失真波形幅度。

③若$R_F=3k\Omega$不变，但R_F接入V1的基极，会出现什么情况？实验验证之。

④画出上述各步实验的波形图。

（3）测负反馈放大电路的频率特性。

①将图5.5.2电路先开环，选择V_i并调至适当幅度（频率为1kHz），使输出信号在示波器上有满幅正弦波显示。

②输入信号幅度保持不变，逐步增加频率，直到波形减小为原来的70%，此时信号频率即为放大器的f_H。

③输入信号幅度保持不变，逐渐减小频率，直到波形减小为原来的70%，测得f_L。

④将电路闭环，重复步骤①~③，并将结果填入表5.5.2中。

表5.5.2

	f_H(Hz)	f_L(Hz)
开环		
闭环		

6. 思考题

（1）整理好原始实验数据。

（2）将实验值与理论值比较，分析产生误差的原因。

（3）根据实验内容总结不同类型负反馈对放大电路的影响。

5.6 比例求和运算电路实验

1. 实验目的

（1）掌握用集成运算放大器组成比例、求和电路的特点及性能。

（2）掌握上述电路的测试和分析方法。

2. 实验仪器设备

（1）数字万用表。

（2）示波器。

（3）信号发生器。

（4）集成运算放大电路模块。

3. 预习要求

（1）计算表5.6.1中的V_o和A_f。

（2）估算表 5.6.3 中的理论值。

（3）估算表 5.6.4 和表 5.6.5 中的理论值。

（4）计算表 5.6.6 中的 V_o。

（5）计算表 5.6.7 中的 V_o。

4. 实验原理

（1）比例运算放大电路包括反相比例、同相比例运算电路，是其他各种运算电路的基础，它们的公式如下：

反相比例放大器 $\quad A_f = \dfrac{V_o}{V_i} = -\dfrac{R_F}{R_1} \qquad r_{if} = R_1$

同相比例放大器 $\quad A_f = \dfrac{V_o}{V_i} = 1 + \dfrac{R_F}{R_1} \qquad r \approx (1 + A_{od}F)r_{id}$

式中，A_{od} 为开环电压放大倍数，$F = \dfrac{R_1}{R_1 + R_F}$，$r_{id}$ 为差模输入电阻。

当 $R_F = 0$ 或 $R_1 = \infty$ 时，$A_f = 0$，这种电路称为电压跟随器。

（2）求和电路的输出量反映多个模拟输入量相加的结果，用运算放大器实现求和运算时，既可采用反相输入方式，也可采用同相输入或双端输入的方式，下面列出它们的计算公式。

反相求和电路 $\quad V_o = -R_F\left(\dfrac{1}{R_1} \cdot V_{i1} + \dfrac{1}{R_2} \cdot V_{i2}\right)$

双端输入求和电路 $\quad V_o = \dfrac{R_F}{R_\Sigma}\left(\dfrac{R_\Sigma'}{R_2}V_{i2} - \dfrac{R_\Sigma}{R_1}V_{i1}\right)$

式中，$R_\Sigma = R_1 /\!/ R_F$，$R_\Sigma' = R_2 /\!/ R_3$

5. 实验内容及步骤

（1）电压跟随器。

实验电路如图 5.6.1 所示。

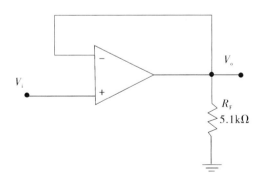

图 5.6.1 电压跟随器

按表 5.6.1 内容进行实验，测量并记录相关数据。

表 5.6.1

$V_i(V)$		-2	-0.5	0	0.5	1
$V_o(V)$	$R_L = \infty$					
	$R_L = 5.1k\Omega$					

（2）反相比例放大器。

实验电路如图 5.6.2 所示。

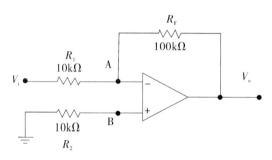

图 5.6.2　反相比例放大器

①按表 5.6.2 内容进行实验，测量并记录相关数据。

表 5.6.2

直流输入电压 V_i（mV）		30	100	300	1 000	3 000
输出电压 V_o	理论估算值（mV）					
	实测值（mV）					
	误差					

②按表 5.6.3 内容进行实验，测量并记录相关数据。

表 5.6.3

	测试条件	理论估算值	实测值
ΔV_o			
ΔV_{AB}	R_L 开路，直流输入信号		
ΔV_{R2}	V_i 由 0 变为 800mV		
ΔV_{R1}			
ΔV_{oL}	$V_i = 800mV$ R_L 由开路变为 5.1kΩ		

③测量图 5.6.2 所示电路的上限截止频率。

（3）同相比例放大器。

实验电路如图 5.6.3 所示。

①按表 5.6.4 和表 5.6.5 内容进行实验，测量并记录相关数据。

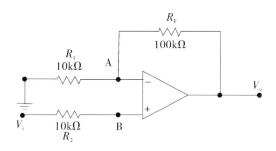

图 5.6.3　同相比例放大器

表 5.6.4

直流输入电压 V_i（mV）		30	100	300	1 000	3 000
输出电压 V_o	理论估算值（mV）					
	实测值（mV）					
	误差					

表 5.6.5

直流输入电压 V_i（mV）		30	100	300	1 000	3 000
输出电压 V_o	理论估算值（mV）					
	实测值（mV）					
	误差					

②测量电路的上限截止频率。

（4）反相求和放大电路。

反相求和放大电路如图 5.6.4 所示。

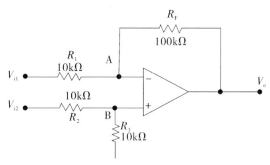

图 5.6.4　反相求和放大电路

按表5.6.6内容进行实验，测量并与预习时的计算结果相比较。

表5.6.6

V_{i1}(V)	0.3	-0.3
V_{i2}(V)	0.2	0.2
V_o(V)		

（5）双端输入求和放大电路。

双端输入求和放大电路如图5.6.5所示。

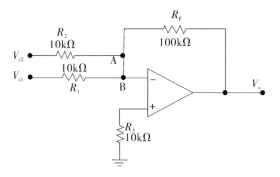

图5.6.5　双端输入求和放大电路

按表5.6.7内容进行实验，测量并记录相关数据。

表5.6.7

V_{i1}(V)	1	2	0.2
V_{i2}(V)	0.5	1.8	-0.2
V_o(V)			

6. 思考题

（1）整理原始实验数据。

（2）总结本实验中5种运算电路的特点及性能。

（3）分析理论计算与实验结果产生误差的原因。

5.7 积分与微分电路实验

1. 实验目的

（1）掌握用运算放大器组成的积分、微分电路。

（2）理解积分、微分电路的特点及性能。

2. 实验仪器设备

（1）数字万用表。

（2）信号发生器。

（3）示波器。

（4）集成运算放大电路模块。

3. 预习要求

（1）分析图 5.7.1 所示电路，若输入正弦波，V_o 与 V_i 的相位差是多少？当输入信号为 100 Hz，有效值为 2V 时，输出电压 V_o 是多少？

（2）分析图 5.7.2 所示电路，若输入方波，V_o 与 V_i 的相位差是多少？当输入信号为 160 Hz，幅值为 1V 时，输出电压 V_o 是多少？

（3）拟定实验步骤，做好记录表格。

4. 实验原理

（1）积分电路是模拟计算机中的基本单元，利用它可以实现对微分方程的模拟，同时它也是控制和测量系统中的重要单元。利用它的充、放电过程，可实现延时、定时以及产生各种波形。在图 5.7.1 所示积分电路中（与反相比例放大器相比，它的不同之处是用 C 代替反馈电阻 R_f），利用虚地的概念可知：

$$i_i = V_i / R$$

$$V_o = V_C = -\frac{1}{C} \int i_C \mathrm{d}t = -\frac{1}{RC} \int V_i \, \mathrm{d}t$$

即输出电压与输入电压成积分关系。

（2）微分电路是积分运算的逆运算。图 5.7.2 为微分电路图，与图 5.7.1 相比，其区别仅在于电容 C 变换了位置。利用虚地的概念则有：

$$V_o = -i_R \cdot R = -i_C \cdot R = -RC \frac{\mathrm{d}V_C}{\mathrm{d}t} = -RC \frac{\mathrm{d}V_i}{\mathrm{d}t}$$

因此，输出电压是输入电压的微分。

5. 实验内容及步骤

（1）积分电路。实验电路如图 5.7.1 所示。

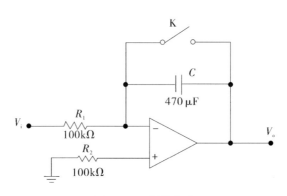

图 5.7.1　积分电路

①取 $V_i = -1V$，断开开关 K（开关 K 用一连线代替，拔出连线一端作为断开），用示波器观察 V_o 变化。进行此步骤时，建议示波器 X 轴扫描速度置 0.2sec/div，Y 轴输入电压灵敏度置 2V/div，将扫描线移至示波器屏的下方，并把示波器的 AC、GND、DC 开关挡放置到 DC 挡。若实验箱没有 470 微法的电容 C，可以选择一个几十微法的电容来代替。

②测量饱和输出电压及有效积分时间。断开开关就开始计时，看到示波器屏上积分电路的输出为线性上升的直线，大约 $t = R_1 \times C$ 秒后，积分电路输出由线性上升的直线变为水平直线，即积分电路已饱和，停止计时。

③将图 5.7.1 中积分电容改为 0.1μF，断开 K，V_i 分别输入 100Hz 幅值为 2V 的方波和正弦波信号，观察 V_i 和 V_o 的大小及相位关系，并记录波形。记得把示波器的 AC、GND、DC 的开关挡放置在合适挡。

④改变图 5.7.1 所示电路的频率，观察 V_i 与 V_o 的相位、幅值关系。

（2）微分电路。微分电路如图 5.7.2 所示。

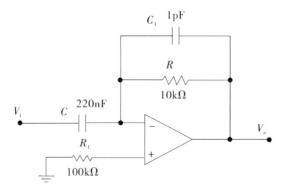

图 5.7.2　微分电路

①输入 160Hz、有效值为 1V 的正弦波信号，用示波器观察 V_i 与 V_o 波形并测量 V_o。

②改变正弦波频率（20～400Hz），观察 V_i 与 V_o 的相位、幅值变化情况并记录。

③输入方波信号（$f = 200Hz$，$V = \pm 5V$），用示波器观察 V_o 波形。按上述步骤重复实验。

（3）积分—微分电路。积分—微分电路如图 5.7.3 所示。

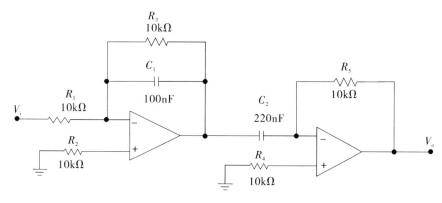

图 5.7.3　积分—微分电路

①在 V_i 输入 $f = 200Hz$、$V = \pm 6V$ 的方波信号，用示波器观察 V_i 和 V_o 的波形并记录。

②将 f 改为 500Hz，重复上述实验。

6. 思考题

（1）整理实验中的数据及波形，总结积分、微分电路的特点。

（2）分析实验结果与理论计算值产生误差的原因。

5.8　有源滤波器实验

1. 实验目的

（1）熟悉有源滤波器的构成及其特性。

（2）掌握测量有源滤波器的幅频特性。

2. 实验仪器设备

（1）示波器。

（2）信号发生器。

（3）集成运算放大电路模块。

3. 预习要求

（1）复习教材有关有源滤波器的内容。

（2）分析图 5.8.1、图 5.8.2、图 5.8.3 所示电路，写出它们的增益特性表达式。

（3）计算图 5.8.1、图 5.8.2 所示电路的截止频率以及图 5.8.3 所示电路的中心频率。

（4）画出三个电路的理论幅频特性曲线。

4. 实验原理

滤波器是一种能使某一部分频率分量顺利通过，而另一部分频率分量受到较大衰减的装置。常用于数据传送、信息处理和干扰抑制等方面。

（1）低通滤波器。

本实验的低通滤波电路如图 5.8.1 所示，是一个压控电压源二阶低通滤波电路。

注意，电路中第一级的电容接到了输出端，相当于该电路中引入反馈，目的是为了让输出电压在高频段迅速下降，而在接近截止频率 ω_0 的范围内输出电压又不致下降过多，从而有利于改善滤波特性。

两级滤波电路中的电阻、电容值相等，它们的输入、输出关系为：

$$V'_\Sigma = V_\Sigma = \frac{V_o}{A_V}$$

$$\dot{A} = \frac{V'_o}{V_i} = \frac{A_V}{1 - \left(\dfrac{\omega}{\omega_0}\right)^2 + j\dfrac{1}{Q}\dfrac{\omega}{\omega_0}}$$

（2）高通滤波器。

将低通滤波器中的 R、C 互换，即可变成高通滤波电路。高通滤波电路的频率响应和低通滤波是"镜像"关系。它们的输入、输出关系为：

$$\dot{A} = \frac{V'_o}{V_i} = \frac{\left(\dfrac{\omega}{\omega_0}\right)^2 A_V}{1 - \left(\dfrac{\omega}{\omega_0}\right)^2 + j\dfrac{1}{Q}\dfrac{\omega}{\omega_0}}$$

（3）带阻滤波器。

带阻滤波器是在规定的频带内，信号不能通过（或受到很大衰减），而在其余频率范围，信号则能顺利通过的滤波器。将低通滤波器和高通滤波器进行组合，即可获得带阻滤波器。它们的输入、输出关系为：

$$A = \frac{V'_o}{V'_i} = \frac{A_V\left[1 + \left(\dfrac{j\omega}{\omega_0}\right)^2\right]}{1 + 2(2 - A_V)\dfrac{j\omega}{\omega_0} + \left(\dfrac{j\omega}{\omega_0}\right)^2}$$

5. 实验内容及步骤

（1）低通滤波器。

低通滤波电路如图 5.8.1 所示。其中反馈电阻 R_F 选用 22kΩ 电位器，5.7kΩ 为设定值。

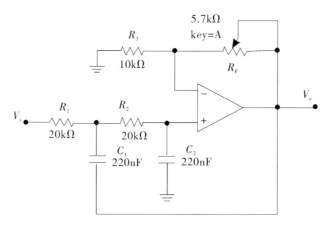

图 5.8.1　低通滤波电路

按表 5.8.1 内容进行实验，测量并记录相关数据。

表 5.8.1

$V_i(\mathrm{V})$	1	1	1	1	1	1	1	1	1	1
$f(\mathrm{Hz})$	5	10	15	30	60	100	150	200	300	400
$V_o(\mathrm{V})$										

（2）高通滤波器。

实验电路如图 5.8.2 所示。

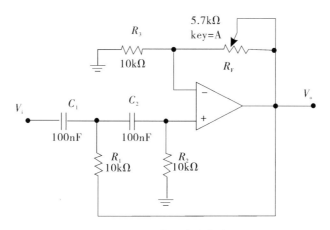

图 5.8.2　高通滤波电路

按表 5.8.2 内容进行实验，测量并记录相关数据。

表 5.8.2

$V_i(V)$	1	1	1	1	1	1	1	1	1
$f(Hz)$	10	16	50	100	130	160	200	300	400
$V_o(V)$									

（3）带阻滤波器。

带阻滤波电路如图 5.8.3 所示。

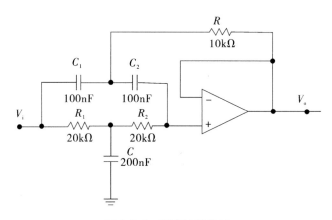

图 5.8.3　带阻滤波电路

①实测电路中心频率。

②以实测中心频率为中心，测量电路的幅频特性。

6. 思考题

（1）整理实验数据，画出各电路曲线，并与计算值对比，分析误差产生的原因。

（2）如何组成带通滤波器？试设计一个中心频率为 300Hz、带宽为 200Hz 的带通滤波器。

5.9　集成电路 RC 正弦波振荡器实验

1. 实验目的

（1）掌握桥式 RC 正弦波振荡器的电路构成及其工作原理。

（2）熟悉正弦波振荡器的调整、测试方法。

（3）观察 RC 参数对振荡频率的影响，学习振荡频率的测量方法。

2. 实验仪器设备

（1）示波器。

（2）低频信号发生器。

（3）频率计。

（4）集成运算放大电路模块。

3. 预习要求

（1）复习桥式 RC 振荡器的工作原理。

（2）完成下列填空题。

①图 5.9.1 中，正反馈支路是由_____组成的，这个网络具有_____特性，要改变振荡频率，只要改变_____或_____的数值即可。

②图 5.9.1 中，$1R_P$ 和 R_1 组成_____反馈，其中_____是用来调节放大器的放大倍数的，使 $A_V \geqslant 3$。

（3）学习李沙育图形测量原理。

4. 实验原理

文氏振荡电桥见图 5.9.1，反馈电路可简化为：

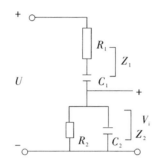

其频率特性表达式为

$$\dot{F} = \frac{\dot{V}_f}{\dot{V}} = \frac{Z_2}{Z_1 + Z_2} = \frac{\dfrac{R_2}{1 + j\omega R_2 C_2}}{R_1 + \dfrac{1}{j\omega C_1} + \dfrac{R_2}{1 + j\omega R_2 C_2}} = \frac{1}{\left(1 + \dfrac{R_1}{R_2} + \dfrac{C_2}{C_1}\right) + j\left(\omega C_2 R_1 - \dfrac{1}{\omega C_1 R_2}\right)}$$

为了调节振荡频率的方便，通常使 $R_1 = R_2 = R$，$C_1 = C_2 = C$，令 $\omega_0 = \dfrac{1}{RC}$

则上式可简化为 $\dot{F} = \dfrac{1}{3 + j\left(\dfrac{\omega}{\omega_0} - \dfrac{\omega_0}{\omega}\right)}$

其幅度特性为 $|\dot{F}| = \dfrac{1}{\sqrt{3^2 + \left(\dfrac{\omega}{\omega_0} - \dfrac{\omega_0}{\omega}\right)^2}}$

相频特性为 $\dot{\varphi}_F = -\operatorname{arctg}\left[\dfrac{\left(\dfrac{\omega}{\omega_0} - \dfrac{\omega_0}{\omega}\right)}{3}\right]$

当 $\omega = \omega_0 = \dfrac{1}{RC}$ 时，$|\dot{F}|_{\max} = \dfrac{1}{3}$，$\dot{\varphi}_{F} = 0$。也就是说，当 $f = f_0 = \dfrac{1}{2\pi RC}$ 时，$\dot{V}_{f}$ 的幅值达到最大，等于 $\dot{V}$ 幅值的 $1/3$，同时 $\dot{V}_{f}$ 与 $\dot{V}$ 同相。

又因为 $|\dot{A}\dot{F}| > 1$，因此文氏振荡电路的起振条件为 $\left| A \cdot \dfrac{1}{3} \right| > 1$，即 $|\dot{A}| > 3$。

因同相比例运算电路的电压放大倍数为 $A_{Vf} = 1 + R_f/R_i$，因此，实际振荡电路中负反馈支路的参数应满足以下关系：$R_F > 2R'$（$R' = R_2$，$R_F = 2R_P$）。

李沙育图形：先将示波器的扫描置于"$X - Y$"挡，然后将被测频率的信号和频率已知的标准信号分别接入示波器的 Y 轴输入端和 X 轴输入端，则示波器显示屏幕上将出现一个合成图形，这个图形就是李沙育图形。两个输入信号的频率、相位、幅度不同，李沙育图形也不同。比如，当两个信号相差 90° 时，合成图形为正椭圆，此时若两个信号的振幅相同，合成图形为圆；当两个信号相位差为 0° 时，合成图形为直线，此时若两个信号的振幅相同，图形则为与 X 轴成 45° 的直线。

5. 实验内容及步骤

（1）按图 5.9.1 接线。注意：电阻 $1R_P = R_1$ 须预先调好再接入。

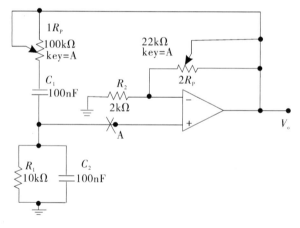

图 5.9.1

（2）用示波器观察输出波形，并思考：

①若元件完好，接线正确，电源电压正常，而 $V_o = 0$，原因何在？应怎么办？

②有输出但出现明显失真，应如何解决？

（3）用频率计测量上述电路输出频率。若无频率计可按图 5.9.2 接线，用李萨如图形法测量 V_o 的频率 f_o，并与计算值比较。

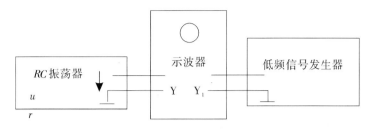

图 5.9.2

（4）改变振荡频率。在实验箱上设法使文氏 RC 桥电阻 $R = 10\text{k}\Omega + 20\text{k}\Omega$，先将 $1R_\text{P}$ 调到 $30\text{k}\Omega$，然后在 R_1 与地端串接 1 个 $20\text{k}\Omega$ 电阻即可。

注意：改变参数前，必须先断开实验箱电源开关，检查无误后再接通电源。测 f_o 之前，应适当调节 $2R_\text{P}$ 使 V_o 无明显失真后，再测频率。

（5）测量运算放大器放大电路的闭环电压放大倍数 A_Vf。

先测出图 5.9.1 所示电路的输出电压 V_o 值后，关断实验箱电源，保持 $2R_\text{P}$ 及信号发生器的频率不变，断开图 5.9.1 中"A"点接线，把低频信号发生器的输出电压接至一个 $22\text{k}\Omega$ 的电位器上，再从这个 $22\text{k}\Omega$ 电位器的滑动接点取 V_i 接至运算放大器同相输入端。如图 5.9.3 所示，调节 V_i 使 V_o 等于原值，测出此时的 V_i 值。则：

$$A_\text{Vf} = V_\text{o}/V_\text{i} = \underline{\hspace{3cm}} \text{倍}。$$

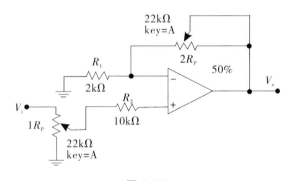

图 5.9.3

（6）自拟详细步骤，作出 RC 串并联网络的幅频特性曲线。

6. 思考题

（1）电路中哪些参数与振荡频率有关？将振荡频率的实测值与理论估算值比较，分析产生误差的原因。

（2）总结改变负反馈深度对振荡器起振的幅值条件及输出波形的影响。

（3）完成预习要求中第（2）、（3）项内容。

（4）作出 RC 串并联网络的幅频特性曲线。

5.10　互补对称低频功率放大器实验

1. 实验目的

（1）进一步理解互补对称（OTL）低频功率放大器的工作原理。

（2）掌握互补对称低频功率放大电路的调试及主要性能指标的测试方法。

2. 实验仪器设备

（1）　+5V 直流电源。

（2）数字万用表。

（3）函数信号发生器。

（4）示波器。

（5）晶体三极管 3DG6（9011）、3DG12（9013）、3CG12（9012），晶体二极管 IN4007，8Ω 扬声器，电阻，电容若干。

（6）分立功放电路模块。

3. 预习要求

（1）复习 OTL 电路的工作原理。

（2）了解自举电路，思考引入自举电路能扩大输出电压的动态范围的原因。

（3）理解功放电路产生交越失真现象的原因。怎样克服交越失真？

（4）电路中电位器 R_{W2} 如果开路或短路，对电路工作有怎样的影响？

（5）为了不损坏输出管，调试中应注意什么问题？

（6）若电路出现自激现象，该如何消除？

4. 实验原理

图 5.10.1 所示为互补对称低频功率放大器。

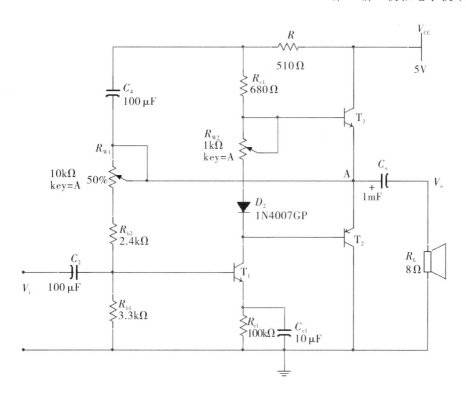

图 5.10.1　互补对称低频功率放大器

其中，由晶体三极管 T_1 组成推动级（也称前置放大级），T_2、T_3 是一对参数对称的 NPN 和 PNP 型晶体三极管，它们组成互补推挽低频功率放大电路。由于每一个管子都接成射极输出器形式，因此具有输出电阻低、带负载能力强等优点，可用作功率输出级。T_1 管工作于甲类状态，它的集电极电流 I_{C1} 由电位器 R_{W1} 进行调节。I_{C1} 的一部分流经电位器 R_{W2} 及二极管 D，给 T_2、T_3 提供偏压。调节 R_{W2}，可以使 T_2、T_3 得到合适的静态电流而工作于甲、乙类状态，以克服交越失真。静态时要求输出端中点 A 的电位 $U_A = \dfrac{1}{2}V_{CC}$，可以通过调节 R_{W1} 来实现，又由于 R_{W1} 的一端接在 A 点，因此在电路中引入交、直流电压并联负反馈，一方面能够稳定放大器的静态工作点，同时也改善了非线性失真。

当输入正弦交流信号 V_i 时，经 T_1 放大、倒相后，同时作用于 T_2、T_3 的基极，V_i 的负半周使 T_3 管导通（T_2 管截止），有电流通过负载 R_L，同时向电容 C_o 充电。在 V_i 的正半周，T_2 导通（T_3 截止），则已充好电的电容器 C_o 起着电源的作用，通过负载 R_L 放电，这样在 R_L 上就得到完整的正弦波。

C_2 和 R 构成自举电路，用于提高输出电压正半周的幅度，以得到较大的动态范围。

OTL 电路的主要性能指标如下：

（1）最大不失真输出功率 P_{om}。

理想情况下，$P_{om} = \dfrac{1}{8} \cdot \dfrac{V_{CC}^2}{R_L}$，在实验中可通过测量 R_L 两端电压的有效值来求得实际的 $P_{om} = \dfrac{V_o^2}{R_L}$。

（2）效率 η。

$\eta = \dfrac{P_{om}}{P_E} \cdot 100\%$，其中，$P_E$ 为直流电源供给的平均功率。

理想情况下，$\eta_{max} = 78.5\%$。在实验中，可测量电源供给的平均电流 I_{dC}，从而求得 $P_E = V_{CC} \cdot I_{dC}$，负载上的交流功率已用上述方法求出，因而也就可以计算实际效率了。

（3）频率响应。

详见实验 5.3 有关部分的内容及步骤。

（4）输入灵敏度。

输入灵敏度是指输出最大不失真功率时，输入信号 V_i 之值。

5. 实验内容及步骤

在整个测试过程中，电路不应有自激现象。

（1）静态工作点的测试。

按图 5.10.1 连接实验电路，将输入信号旋钮旋至零（$V_i = 0$），电源进线中串接直流毫安表，电位器 R_{W2} 置最小值，R_{W1} 置中间位置。接通 +5V 电源，观察万用表的毫安挡指示，同时用手触摸输出级管子，若电流过大，或管子温升显著，应立即断开电源并检查原因（如 R_{W2} 开路、电路自激或输出管性能不好等）。如无异常现象，则可开始调试。

①调节输出端中点电位 U_A。

调节电位器 R_{W1}，用直流电压表测量 A 点电位，使 $V_A = 0.5V_{CC}$。

②调整输出级静态电流及测试各级静态工作点。

调节 R_{W2}，使 T_2、T_3 管的 $I_{C2} = I_{C3} = 5 \sim 10mA$。为了减小交越失真，应适当加大输出级静态电流，若该电流过大，会使效率降低，所以一般以 $5 \sim 10mA$ 为宜。由于毫安表串接在电源进线中，因此测得的是整个放大器的电流，但一般 T_1 的集电极电流 I_{C1} 较小，从而可以把测得的总电流近似当作末级的静态电流。如要得到准确的末级静态电流，则将总电流减去 I_{C1} 即可得。

调整输出级静态电流的另一方法是动态调试法。先使 $R_{W2} = 0$，在输入端接入 $f = 1kHz$ 的正弦信号 V_i，再逐渐加大输入信号的幅值，此时，输出波形应出现较严重的交越失真现象（注意：没有饱和和截止失真现象），然后缓慢增大 R_{W2}，当交越失真现象刚好消失时，停止调节 R_{W2}，恢复 $V_i = 0$，此时直流毫安表读数即为输出级静态电流。一般数值应为 $5 \sim 10mA$，如过大，则要检查电路。

输出级静态电流调好以后，测量各级静态工作点，记入表 5.10.1 中。

表 5.10.1

	T_1	T_2	T_3
$V_B(V)$			
$V_C(V)$			
$V_E(V)$			
$I_{C2} = I_{C3} = \quad$ mA		$V_A = 2.5V$	

注意：

a. 在调整 R_{W2} 时，要注意旋转方向，不要调得过大，更不能开路，以免损坏输出管。

b. 输出管静态电流调好，如无特殊情况，不得随意旋动 R_{W2} 的位置。

（2）最大输出功率 P_{om} 和效率 η 的测量。

①测量 P_{om}。

输入端接 $f = 1kHz$ 的正弦信号 V_i，输出端用示波器观察输出电压 V_o 的波形。逐渐增大 V_i，使输出电压达到最大不失真输出，用示波器测量负载 R_L 上的电压 V_{om}，则 $P_{om} = \dfrac{V_{om}^2}{R_L}$。

②测量 η。

当输出电压为最大不失真输出时，读出直流毫安表中的电流值，此电流即为直流电源供给的平均电流 I_{dC}（有一定误差），由此可近似求得 $P_E = V_{CC} I_{dC}$，再根据上面测得的 P_{om}，即可求出 $\eta = \dfrac{P_{om}}{P_E}$。

（3）输入灵敏度的测量。

根据输入灵敏度的定义，只要测出输出功率 $P_o = P_{om}$ 时的输入电压值 V_i 即可。

（4）频率响应的测量。

测量方法同实验 5.3。将测量结果记入表 5.10.2 中。

表 5.10.2

	f_L			f_o	f_H		
$f(Hz)$				1 000			
$V_o(V)$							
A_V							
$V_i = \quad$ mV							

在测量时，为保证电路的安全，应在较低电压下进行，通常取输入信号为输入灵敏度的 50%。在整个测量过程中，V_i 为恒定值，且输出波形不得失真。

（5）研究自举电路的作用。（选做）

a. 测量有自举电路，且 $P_o = P_{om}$ 时的电压增益 $A_V = \dfrac{V_{om}}{A_i}$。

b. 将 C_2 开路，R 短路（无自举），再测量 $P_o = P_{om}$ 时的 A_V。

用示波器观察 a、b 两种情况下输出电压的波形，并将以上两项测量结果进行比较，分析研究自举电路的作用。

（6）噪声电压的测量。

测量时将输入端短路（$V_i = 0$），观察输出噪声波形，并用示波器测量输出电压，即为噪声电压 V_N。在本电路中，若 $V_N < 15\text{mV}$，即满足要求。

6. 思考题

（1）整理实验数据，计算静态工作点、最大不失真输出功率 P_{om}、效率 η 等，并与理论值进行比较，作出频率响应曲线。

（2）分析自举电路的作用。

（3）讨论实验中发生的问题及解决办法。

5.11　串联稳压电路实验

1. 实验目的

（1）研究稳压电源的主要特性，掌握串联稳压电路的工作原理。

（2）掌握稳压电源的调试及测量方法。

2. 实验仪器设备

（1）直流电压表。

（2）直流毫安表。

（3）示波器。

（4）数字万用表。

（5）串联稳压电路模块。

3. 预习要求

（1）估算图 5.11.1 所示电路中各三极管的 Q 点（设各管的 $\beta = 100$，电位器 R_p 滑动端处于中间位置）。

（2）分析电阻 R_2 和发光二极管 LED 在图 5.11.1 所示电路中的作用。

（3）画好数据表格。

4. 实验原理

图 5.11.1 所示为串联稳压电路，它包括四个环节：调压环节、基准电压、比较放大器和取样电路。

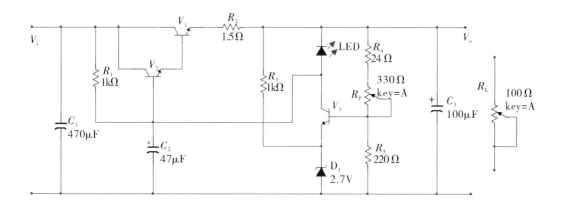

图 5.11.1 串联稳压电路

当电网或负载变动而引起输出电压 V_o 变化时，取样电路取输出电压 V_o 的一部分送入比较放大器与基准电压进行比较，产生的误差电压经放大后去控制调整管的基极电流，自动地改变调整管的集—射极间电压，补偿 V_o 的变化，使其维持输出电压基本不变。

稳压电源的主要指标如下：

（1）特性指标。

①输出电流 I_L（即额定负载电流）。它的最大值取决于调整管的最大允许功耗 P_{CM} 和最大允许电流 I_{CM}。要求：$I_L (V_{imax} - V_{omin}) \leqslant P_{CM}$，$I_L \leqslant I_{CM}$，式中，$V_{imax}$ 是输入电压最大可能值，V_{omin} 是输出电压最小可能值。

②输出电压 V_o 和输出电压调节范围。在固定的基准电压条件下，改变取样电压比就可以调节输出电压。

（2）质量指标。

①稳压系数 S。

当负载和环境温度不变时，输出直流电压的相对变化量与输入直流电压的相对变化量之比值定义为稳压系数 S，即

$$S = \frac{\Delta V_o / V_o}{\Delta V_i / V_i} \bigg| \begin{matrix} \Delta I_L = 0 \\ \Delta T = 0 \end{matrix}$$

通常稳压电源的稳压系数为 $10^{-4} \sim 10^{-2}$。

②动态内阻 r_0。

假设输入直流电压 V_i 及环境温度不变，由于负载电流 I_C 变化 ΔI_L 而引起输出直流电压 V_o 相应变化 ΔV_o，两者之比值称为稳压器的动态内阻，即

$$r_0 = \frac{\Delta V_o}{\Delta I_L} \bigg| \begin{matrix} \Delta I_L = 0 \\ \Delta T = 0 \end{matrix}$$

从上式可知，R_0 越小，则负载变化对输出直流电压的影响越小，一般稳压电路的 R_0 为 $10^{-2} \sim 10\Omega$。

③输出纹波电压是指 50Hz 和 100Hz 的交流分量，通常用有效值或峰值来表示，即当输入电压 220V 不变，在额定输出直流电压和额定输出电流的情况下测出的输出交流分量，经稳压作用可使整流滤波后的纹波电压大大降低，降低的倍数反比于稳压系数 S。

5. 实验内容及步骤

（1）静态测量。

①看清楚实验电路板的接线，查清引线端子。

②按图 5.11.1 接线，负载 R_L 开路，即稳压电源空载。

③将 $+5V \sim +27V$ 电源调到 $+9V$，接到 V_i 端，再调节电位器 R_P，使 $V_o = 6V$，测量各三极管的 Q 点。

④调试输出电压的调节范围。调节 R_P，观察输出电压 V_o 的变化情况，记录 V_o 的最大和最小值。

（2）动态测量。

①测量稳压电源的特性。使稳压电源处于空载状态，调节电源电位器，模拟电网电压波动 $\pm 10\%$，即 V_i 由 8V 变到 10V，测量相应的 ΔV_o，根据 $S = \dfrac{\Delta V_o / V_o}{\Delta V_i / V_i}$，计算稳压系数。

②测量稳压电源的内阻。稳压电源的负载电流 I_L 由空载变化到额定值 $I_L = 100\text{mA}$ 时，测量输出电压 V_o 的变化量即可求出电源内阻 $r_0 = \dfrac{\Delta V_o}{\Delta V_L}$。测量过程，使 $V_i = 9V$ 保持不变。

③测量输出的纹波电压。将图 5.11.1 的电压输入端 V_i 接到图 5.11.2 的整流滤波电路输出端（即接通 $A - a$，$B - b$），在负载电流 $I_L = 100\text{mA}$ 的条件下，用示波器观察稳压电源输入输出中的交流分量 V_o，描绘其波形。用晶体管毫伏表测量交流分量的大小。

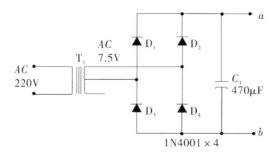

图 5.11.2

思考：

A. 如果把图 5.11.1 所示电路中电位器的滑动端往上（或是往下）调，各三极管的 Q 点将如何变化？

B. 调节 R_L 时，V_3 的发射极电位如何变化？电阻 R_L 两端电压如何变化？

C. 如果把 C_3 去掉（开路），输出电压将如何变化？

D. 按实验内容及步骤（2）中的③接线，这个稳压电源哪个三极管消耗的功率大？

（3）输出保护。

①在电源输出端接入负载 R_L 的同时串接电流表，并用电压表监视输出电压，逐渐减小 R_L 值，直到短路。注意 LED 发光二极管逐渐变亮，记录此时的电压、电流值。

②逐渐加大 R_L 值，观察并记录输出电压、电流值。注意：此实验内容短路时间应尽量短（不超过 5 秒），以防元器件过热。

（4）选做项目。

测试稳压电源的特性。（实验步骤自拟）

6. 思考题

（1）对静态调试及动态测试进行总结。

（2）计算稳压电源动态内阻 $r_0 = \Delta V_o / \Delta I_L$，以及稳压系数 S。

（3）对部分思考题进行讨论。

附录　实验箱简介

本实验箱可完成低频模拟电子技术课程实验，使用该实验箱只需配备示波器即可完成二十几种模拟电子线路实验，适用于开设电子技术课程的各类学校。随机附有实验指导书及实验所需连接导线。

DJ－A6 型实验箱元器件装在正面，有利于增加学生的感性认识，同时在 DJ－A3 型实验箱的基础上增加了面包板、信号发生器、场效应管及可控硅实验区。

DJ－A6 型实验箱在增加实验项目的同时，还采用一体型铝箱和通用电源接口。

1. 技术性能

（1）电源。

输入：AC 220V + 10%。

输出：

①DC V：±5V ~ ±12V 可调，DC $I \geqslant 0.2A$。

②DC V：±5V ~ +27V 可调，DC $I \geqslant 0.2A$。

③DC V：±12V，DC $I \geqslant 0.2A$。

以上各路电源均有过流保护，自动恢复功能。

④AC V：7.5V × 2；AC $I \geqslant 0.15A$。

（2）直流信号源，双路：$-5V \sim +0.5A$；$-5V \sim +5V$ 两挡连续可调。

（3）方波信号发生器：$1kHz/10V$，备有幅度调节电位器。

（4）电位器组：4 只独立电位器 $1k\Omega$、$22k\Omega$、$680k\Omega$。

（5）接插件：接触电阻 $\leqslant 0.003\Omega$，使用寿命 $\geqslant 10\ 000$ 次。

2. 电路原理

本实验箱由电源、直流电压源、电位器组、线路区等几部分组成，电源及直流电压源电路，实验线路区电路及元器件见实验箱。

3. 使用方法

（1）将标有 220V 的电源线插入电插座，接通开关，三路直流电源指示灯亮，表示学习机电源工作正常。

（2）实验箱面板上的插孔应使用专用连接线，该连接线插头可叠插使用，顺时针向下旋转即可锁紧，逆时针向上旋转即可松开。

（3）实验时应先阅读实验指导书，在断开电源开关的状态下按实验线路接好连接线（实验中用到可调直流电源时，应在该电源调到实验值时再接到实验线路中），检查无误后再接通主电源。

（4）实验箱面板上的实验线路凡标 V_{CC}、V_{ee} 处均未接通电源，须在实验时根据实验线路要求接入相应电源，运算放大器单元的电源及所有接地端须在板内接好。

4. 维护及故障排除

（1）维护。

①防止撞击跌落。

②用完后拔下电源插头并关闭机箱，防止灰尘及杂物进入机箱内。

③做完实验后要将面板上的插件及连接线全部整理好。

④搭接线路时不要接通电源，以防误操作损坏器件。

（2）故障排除。

①电源无输出：实验箱电源初级接有 0.5A 熔断管（在实验板右上角）。当输出短路或过载时有可能烧断，更换熔断管时，必须保证新旧熔断管同规格。

②信号源、电平开关、电平指示部分异常（不符合电平状态或无输出等），检查实验板线或更换相应元器件。

注意：打开实验箱时必须拔下电源插头。

5. 实验内容

（1）常用电子仪器使用练习，用数字万用表测试二极管、三极管。

（2）单级共射放大电路。

（3）场效应管放大器（DJ - A3 不支持，A5/A6 支持）。

（4）两级交流放大电路。

（5）负反馈放大电路。

（6）射级跟随器。

（7）差分放大电路。

（8）比例求和运算电路。

（9）积分与微分电路。

（10）波形发生电路。

（11）有源滤波器。

（12）电压比较器。

（13）集成电路 RC 正弦波振荡器。

（14）集成功率放大器。

（15）整流滤波与并联稳压电路。

（16）串联稳压电路。

（17）集成稳压器。

（18）RC 正弦波振荡器。

（19）LC 振荡器及选频放大器。

（20）电流/电压转换电路。

（21）电压/频率转换电路。

（22）互补对称功率放大器。

（23）波形变换电路。

（24）晶闸管实验电路。

（25）函数信号发生器的组装与调试。

（26）温度监测及控制电路。

（27）用运算放大器组成万用表的设计与调试。

第三编　光电技术实验

本编实验基于浙江大学、浙江高联科技开发有限公司、杭州高联信息技术有限公司联合出品的 CSY – 2000G 光电传感器实验平台。内容借鉴了产品使用说明并做了改编，特此说明。

第6章　光电技术基础实验

6.1　光电实验基础知识

1. 实验目的

（1）认识光谱的组成并掌握光源的分光原理。

（2）掌握辐射量与光度量、光的不同波长等基本概念。

2. 实验仪器设备

（1）电源主机箱。

（2）白光光源。

（3）滤色片。

（4）半导体激光器。

（5）分光装置（三棱镜）。

3. 实验原理

（1）光的色散。

本实验中备有普通光源和激光光源。激光光源为单色光源，普通光源（白炽灯）的光谱为连续光谱，可认为是多种颜色（波长或频率）的光谱能量积分形成的复合光。棱镜具有将白光分解成各种颜色单色光的特性，将使学生对光的本质有进一步的认识。本实验中，利用滤色片或通过分光镜后，可以提供红、橙、黄、绿、青、蓝、紫多种波长的光辐射。激光光源是半导体激光器，发射的激光波长为 630～680 纳米。激光颜色为红色。

三棱镜的分光原理基于以下内容：

三棱镜对不同波长的各色光具有不同的折射率。各色光经折射后的折射角不同。因此通过三棱镜射出时，各色光的偏角也随之不同。所以，白光经过三棱镜折射以后被分解成各种色光并呈现出一片按序排列的颜色。这种现象称为光的色散。红色的波长长，折射率小，产生较小的偏角；而紫色的波长短，折射率大，产生的偏角也大，这样的光经三棱镜折射后，形成一条按红、橙、黄、绿、青、蓝、紫顺序分布的连续光谱。利用色散棱镜可以将含有丰富单色谱线的光分解为各种单一波长的光，用来分析发光体的化学成分，这就是光谱分析。因此，棱镜色散是光谱分析的基础。

此外，利用滤色片也可以从白光中获取单色光。常用滤色片有两类，一类是塑料片，它只能透射某一波长的光，而对其他波长具有吸收作用。另一类是玻璃滤光片，玻璃片上镀某种颜色（如红色）的薄膜，它利用光的干涉效应，如它对某种颜色的光是干涉相长，对其他颜色的光干涉相消。

（2）辐射度与光度学。

以电磁波形式或粒子（光子）形成可传输的能量，它们可以用光学条件反射、成像或色散，这样的能量传输及其传播过程称为光辐射。

光源发出的光或物体反向光的能量计算通常有通量、照度、出射度和亮度等参数。

表 6.1.1 是常用的辐射度量和光度量之间的对应关系。

表 6.1.1　常用辐射度量和光度量之间的对应关系

辐射度量				光度量			
物理量名称	符号	定义和定义式	单位	物理量名称	符号	定义和定义式	单位
辐射能	Q_e		J	光量	Q_v	$Q_v = \int Q_v \mathrm{d}t$	lm·s
辐射通量	Φ_e	$\Phi_e = \mathrm{d}\Phi_e/\mathrm{d}t$	W	光通量	Φ_v	$\Phi_v = \int I_v \mathrm{d}\Omega$	lm
辐射出射度	M_e	$M_e = \mathrm{d}\Phi_e/\mathrm{d}s$	W/m²	光出射度	M_v	$M_v = \mathrm{d}\Phi_v/\mathrm{d}s$	lm/m²
辐射强度	I_e	$I_e = \mathrm{d}\Phi_e/\mathrm{d}\Omega$	W/sr	发光强度	I_v	基本量	cd
辐射亮度	L_e	$L_e = \mathrm{d}I_e/\mathrm{d}s\cos\theta$	W/(m²·sr)	（光）亮度	L_v	$I_v = \mathrm{d}I_v/\mathrm{d}s\,\cos\theta$	cd/m²
辐射照度	E_e	$E_e = \mathrm{d}\Phi_e/\mathrm{d}A$	W/m²	（光）照度	E_v	$E_v = \mathrm{d}\Phi_v/\mathrm{d}A$	lx

对于光辐射的探测和计量，有辐射度单位和光度单位两套不同的体系。辐射度单位适用于整个电磁波段，光度学只适用于可见光波段，本实验帮助学生理解两种概念体系的区别和联系。

4. 实验内容及步骤

（1）根据图 6.1.1 将普通光源插进安装架上，把光源的两个插孔分别连接到主机箱的 0~12V 可调电源上，调节可调旋钮，可改变光源的亮度（调节电源必须从最低电压开始慢慢调到 12V，否则冲击电流过大，电源将自动截止保护，要正常工作必须重新开机）。

（2）将光源升降杆的固定螺钉旋松，旋转光源 180° 后拧紧固定螺钉。在光源前方的适当位置安放分光三棱镜，旋转棱镜，用白纸或白屏接收，观察投射出的连续的带状分光光谱。分析各种彩条的分布规律，记录各色彩条的排列顺序。若在棱镜与屏幕之间加上一个聚焦透镜，彩色条纹将更为清晰地显现在屏幕上。

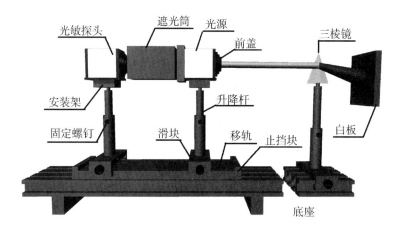

图 6.1.1　光电实验装置示意图（光的色散）

（3）关闭电源，旋下光源前盖，装上不同颜色的滤色片，观察不同波长（颜色）的光。把普通光源取下，换上半导体激光器，连接 5V 电源（注意二极管保护；光源注意极性），重复步骤（2）。

（4）对比两种光源分光的不同之处，并分析原因。

（5）根据图 6.1.1 用照度计探头代替光敏探头，把照度计探头的两个插孔与主机箱光照度计的两个插孔正、负极对应相连，再按下主机箱照度计的按钮（×1）。打开主控箱电源，测量当前环境下的照度。

（6）关闭主控箱电源，把普通光源的两个插孔与主控箱的 0～12V 可调电源的两个插孔相连，逆时针调节可调电源旋钮到底。把主机箱电压表的输入端正负极分别与 0～12V 可调电源的正负极相连，监测可调电源的输出大小。慢慢旋转可调电源旋钮，按表 6.1.2 进行实验并记录数据。

表 6.1.2

输入电压（V）	2	3	4	5	6	7
光照度（lx）						

（7）关闭主机箱电源，取下实验装置的遮光筒，旋下普通光源的前盖，分别旋上不同颜色的滤色片，装上遮光筒。按上面的方法分别测量不同滤色片下的照度，做记录并把数据填入表 6.1.3 中。

表 6.1.3

滤色片颜色	红	橙	黄	绿	青	蓝	紫
光照度（lx）							

（8）关闭主机箱电源，将普通光源撤下换上半导体激光器，将半导体激光器的两个插孔的正负极分别与主机箱 0～5V 的可调电源的正负极相连。接通主机箱电源，按

照上述方法用照度计测量激光器发出的光的照度，做记录并把数据填入表 6.1.4 中。

表 6.1.4

输入电压（V）	2.5	3	3.5	4	4.5	5
光照度（lx）						

（9）关闭主机箱电源，用光功率探头代替照度计探头，将光功率探头的两个插孔的正负极分别与主机箱的光功率计输入端的正负极相连，接通主机箱电源，按照上述方法用光功率计测量激光器的光功率，做记录并把数据填入表 6.1.5 中。

表 6.1.5

输入电压（V）	3	3.5	4	4.5	5
光功率（mW）					

6.2　光敏电阻实验

1. 实验目的

（1）通过光敏电阻典型特性参数的测量实验，了解光敏电阻的工作原理。

（2）掌握光敏电阻的伏安特性、光照特性和光谱响应特性等。

（3）能够选用光敏电阻器件进行光电检测方面的课题设计。

2. 实验仪器设备

（1）电源主机箱。

（2）光源。

（3）滤色片。

（4）光电器件实验模板。

（5）CdS 光敏电阻。

（6）光照度探头。

3. 实验原理

（1）某些物质吸收了光子的能量产生本征吸收或杂质吸收，从而改变了物质电导率的现象称为物质的光电导效应。利用具有光电导效应的材料（如硅、锗等本征半导体与硫化镉、硒化镉、氧化铅等杂质半导体）可以制成电导随入射光度量变化的器件，称为光电导器件或光敏电阻。

光敏电阻无极性，其工作特性与入射光光强、波长和外加电压有关。同时，光敏电阻具有体积小、坚固耐用、价格低廉、光谱响应范围宽等优点，广泛应用于微弱辐射信号的探测领域。

图 6.2.1 为光敏电阻的原理图与光敏电阻的符号，在均匀的具有光电导效应的半

导体材料两端加上电极便构成光敏电阻。

当光敏电阻的两端加上适当的偏置电压 U_{bb}［图6.2.1（a）］后，便有电流 I_p 流过，用检流计可以检测到该电流。

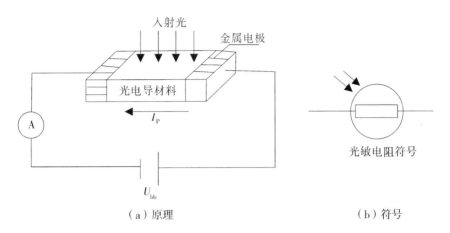

（a）原理   （b）符号

图6.2.1　光敏电阻的原理及符号

（2）典型的光敏电阻。

①CdS光敏电阻。

CdS光敏电阻是最常见的光敏电阻，它在可见光波段范围内的灵敏度最高，因此被广泛应用于灯光的自动控制、照相机的自动测光等。CdS光敏电阻的光敏面常呈蛇形结构。

②PbS光敏电阻。

PbS光敏电阻是近红外波段最灵敏的光电导器件。特别是对 $2\mu m$ 附近的红外辐射的探测灵敏度很高，因此常用于火灾的探测等领域。

③InSb光敏电阻。

InSb光敏电阻是 $3\sim5\mu m$ 光谱范围内的主要探测器件之一。它不仅适用于制造单元探测器件，也适宜制造阵列红外探测器件。

④Hg1 – xCdxTe系列光电导探测器件。

Hg1 – xCdxTe系列光电导探测器件是目前所有红外探测器中性能最优良、最有前途的探测器件，尤其是对 $4\sim8\mu m$ 大气窗口波段辐射的探测具有重要作用。

光敏电阻的主要噪声有热噪声、复合噪声和低频噪声（或称 $1/f$ 噪声）。光电二极管中避免了复合噪声的产生，因此它具有改善噪声的特性。

热噪声来自热致电子从价带到导带的跃迁。温度越高，这种跃迁的概率就越大。在温度一定的情况下，禁带宽度越小，热激发噪声越大。因此，对给定波长的探测，要想获得最小噪声，必须采用最大的禁带宽度与适当的量子效率相结合的半导体材料。对更长波长的探测，探测器还需制冷。

4. 实验内容及步骤

（1）亮电阻和暗电阻的测量。

光敏电阻在黑暗的室温条件下，由于热激发产生的载流子使其具有一定的电导，该电导称为暗电导，对应的电流称为暗电流。

当有光照射在光敏电阻上时，它的电导将变大，这时的电导称为光电导，对应亮电流。

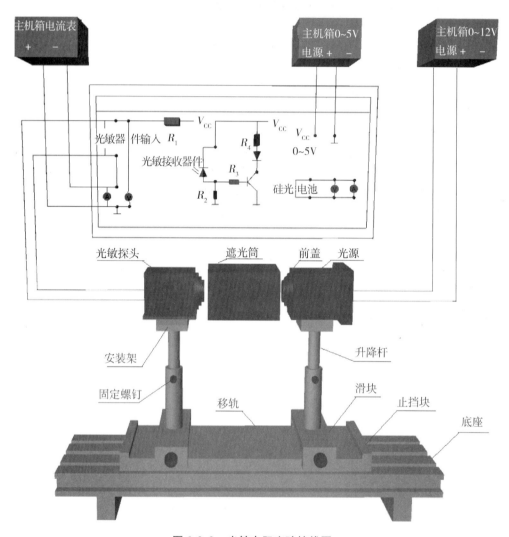

图 6.2.2　光敏电阻实验接线图

①按图 6.2.2 安装好普通光源和光照度计探头及遮光筒，将主机箱的 0～12V 可调电源与普通光源的两个插孔相连，将可调电源的调节旋钮按逆时针方向慢慢调到底。将照度计探头的两个插孔与主机箱照度计输入端正、负极对应连接。打开主机箱电源，顺时针方向慢慢调节 0～12V 可调电源，增大电压，使主机箱照度计显示 100lx，按下按钮（×1）。撤下照度计连线及探头，换上光敏电阻。将光敏电阻的一个插孔连到主机箱固定稳压电源 +5V 的正极上。光敏电阻的另一个插孔连到主机箱电流表输入端的正极上，电流表输入端负极与 +5V 稳压电源的"⊥"相连。在光敏电阻与光源之间用遮光筒连接，约 10 秒钟后（可观察主机箱上的定时器）所读取的电流表（电流表可选

择 20mA 挡）的值为亮电流 $I_{亮}$。

②将 0～12V 可调电源的调节旋钮按逆时针方向慢慢旋到底，约 10 秒钟后所读取的电流表（20μA 挡）的值为暗电流 $I_{暗}$。

③根据以下公式，计算亮电阻和暗电阻（照度 = 100lx、$U_{测}$ = 5V）。

$$R_{亮} = U_{测}/I_{亮} \quad R_{暗} = U_{测}/I_{暗}$$

光敏电阻在不同的照度或测量电压（$U_{测}$）下有不同的亮电阻和暗电阻。如有兴趣可重复以上实验步骤。

（2）光照特性的测量。

光电流随光照量变化越大的光敏电阻越灵敏，这个特性称为光敏电阻的光电特性。

光敏电阻的测量电压（$U_{测}$）为 5V 时，光敏电阻的光电流随光照强度变化而变化，它们之间的关系是非线性的。调节 0～12V 可调电源得到不同的光照度（测量方法同以上实验），将测得的数据填入表 6.2.1 中，并在图 6.2.3 中作出曲线。

表 6.2.1

照度（lx）	100	300	500	700	900	1 100	1 300	1 500
电流（mA）								

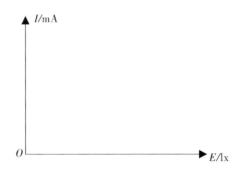

图 6.2.3　光敏电阻的光照特性曲线

（3）伏安特性的测量。

不同光照下加在光敏电阻两端的电压 U 与流过它的电流 I_p 的关系曲线，称为光敏电阻的伏安特性曲线。

光敏电阻的本质是电阻，符合欧姆定律，因此，它具有与普通电阻相似的伏安特性。在一定光照下，其伏安特性曲线应为直线，但是它的电阻值是随入射光度量的变化而变化的，即不同光照度下，测得的电阻值不同。

在一定的光照强度下，光电流随外加电压的变化而变化。测量时，在给定光照强度为 100lx 时，光敏电阻接入 0 ~ 5V 可调电源，调节 0 ~ 5V 电压（由电压表监测），测量流过光敏电阻的电流，将测得的数据填入表 6.2.2 中，并在图 6.2.4 中作出不同照度下的 3 条伏安特性曲线。

表 6.2.2

		电压（V）	1.25	2	3	4	5
照度（lx）	100	电流（mA）					
	300	电流（mA）					
	500	电流（mA）					

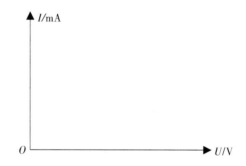

图 6.2.4　光敏电阻的伏安特性曲线

（4）光谱响应特性的测量。

每一种器件都有特定的光谱响应波段。常用的光电导探测器组合起来后可以覆盖从可见光、近红外、中红外延伸至极远红外波段的光谱响应范围。

光敏电阻的光谱响应主要与光敏材料禁带宽度、杂质电离能、材料掺杂比与掺杂浓度等因素有关。

对于不同波长的光，光敏电阻接收光的灵敏度是不一样的，这就是光敏电阻的光谱特性。实验时线路接法如图 6.2.2 所示，在光路装置中先用照度计窗口对准遮光筒，然后撤下光源前盖，更换不同的滤色片，得到对应各种颜色的光。测量光谱特性时，需调节光源强度（调 0 ~ 12V 电压），得到相同的照度。光敏电阻在某一固定工作电压（+5V）、同一照度（如 100lx）、不同波长（颜色）时，测量流过光敏电阻的电流值，就可作出其光源特性曲线。

表 6.2.3

颜色	波长（nm）	100lx 照度下的电流（mA）
红	650	
橙	610	
黄	570	

（续上表）

颜色	波长（nm）	100lx 照度下的电流（mA）
绿	530	
青	480	
蓝	450	
紫	400	

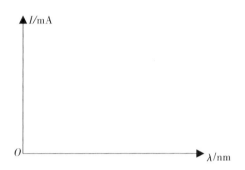

图 6.2.5　光敏电阻的光谱响应特性曲线

6.3　光电二极管的特性实验

1. 实验目的

（1）掌握光电二极管的基本特性参数及其测量方法。

（2）了解光电二极管的工作原理及光生伏特效应。

（3）熟悉光电二极管的光照特性、伏安特性和光谱响应特性等。

2. 实验仪器设备

（1）电源主机箱。

（2）光源。

（3）滤色片。

（4）光电器件实验模板。

（5）光电二极管。

（6）光照度探头。

3. 实验原理

硅光电二极管是最简单、最具有代表性的光生伏特器件，其中，PN 结硅光电二极管为最基本的光生伏特器件。

光电二极管可分为以 P 型硅为衬底的 2DU 型与以 N 型硅为衬底的 2CU 型两种结构形式。图 6.3.1（a）为 2DU 型光电二极管的结构原理图；图 6.3.1（b）为光电二极管的工作原理图；图 6.3.1（c）为光电二极管的电路符号，其中的小箭头表示正向电流的方向（普通整流二极管中规定的正方向），光电流的方向与之相反。图中的前极为

153

光照面，后极为背光面。

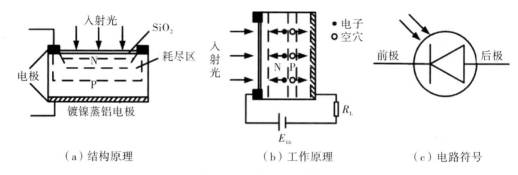

| （a）结构原理 | （b）工作原理 | （c）电路符号 |

图 6.3.1 硅光电二极管

在无辐射作用的情况下（暗室中），PN 结硅光电二极管的正、反向特性与普通 PN 结二极管的特性一样，如图 6.3.2 所示。其电流方程为 $I_k = I_D(e^{\frac{qU}{kT}} - 1)$。$I_D$ 在 U 为负值（反向偏置时）且 $|U| \gg kT/q$ 时（室温下 $kT/q \approx 0.26\text{mV}$，很容易满足这个条件）的电流，称为反向电流或暗电流。

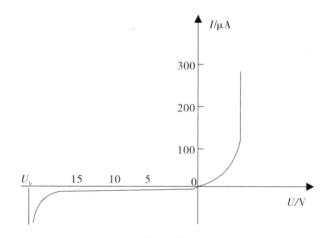

图 6.3.2 硅光电二极管的伏安特性曲线

与入射辐射有关的光生电流为

$$I_P = -\frac{\eta q \lambda}{hc} [1 - \exp(-\alpha d)] \Phi_{e,\lambda}$$

当光辐射作用到如图 6.3.1（b）所示光电二极管上时，光电二极管的全电流方程为

$$I = -\frac{\eta q \lambda}{hc} [1 - \exp(-\alpha d)] \Phi_{e,\lambda} + I_D [1 - \exp(qU/kT)]$$

式中，η 为光电材料的光电转换效率，α 为材料对光的吸收系数，I 是流过探测器的总电流，I_D 是二极管反向电流，q 是电子电荷，U 是探测器两端电压，k 为玻耳兹曼常数，T 为器件绝对温度。

光电二极管具有光生伏特效应，当入射光的强度发生变化时，通过光电二极管的电流随之变化，于是在光电二极管的两端电压也发生变化。光照时导通，光不照时处于截止状态，并且光电流和照度呈线性关系。

4. 实验内容及步骤

（1）光照特性的测量。

光电二极管的电流灵敏度 S_i：入射到光敏面上辐射量的变化（如通量变化 $\mathrm{d}\Phi$）引起电流的变化 $\mathrm{d}I$ 与辐射量变化量 $\mathrm{d}\Phi$ 之比，即 $S_i = \dfrac{\mathrm{d}I}{\mathrm{d}\Phi} = \dfrac{\eta q \lambda}{hc}(1 - \mathrm{e}^{-\alpha d})$。

当某波长 λ 辐射作用于光电二极管时，其电流灵敏度为与材料有关的常数。

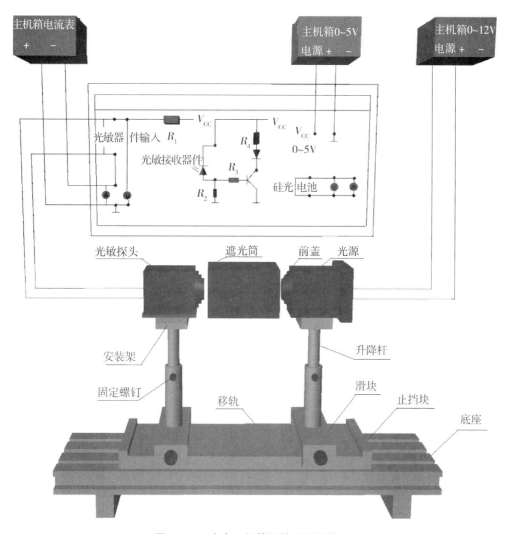

图 6.3.3　光电二极管特性实验接线图

根据图6.3.3接线，测量光电二极管的暗电流和亮电流。

暗电流测试：

将主机箱中的0～12V可调电源的调节旋钮按逆时针方向慢慢旋到底，接通主机箱电源，所读取的主机箱上电流表（20μA 挡）的值即为光电二极管的暗电流。

亮电流测试：

①关闭主机箱电源，撤下光电二极管，换上光照度计探头。用连接线将照度计探头的两个插孔与主机箱上的照度计输入的两个插孔的正、负极分别相应连接；照度计探头与光源之间用遮光筒连接。

②打开主机箱电源，按顺时针方向慢慢地调节0～12V可调电源（光源电压），使主机箱上照度计的读数为100lx。

③撤下照度计探头，换上光电二极管，读取电流表值，即为100lx、$U_{测} = 5V$（光电二极管工作电压）时的亮电流。

④重复①②③实验步骤，把测量值填入表6.3.1中，并在图6.3.4中作出曲线。

表 6.3.1

照度(lx)	100	200	300	400	500	600	700	800
$I_{亮}$（mA）								

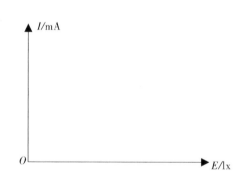

图6.3.4　光电二极管的光照特性曲线

（2）伏安特性的测量。

首先设定入射光的照度值，而后改变电源电压 U，用电流表测量光电流 I，将测量值填入表6.3.2中。

由于光电二极管两端所加的偏置电压均为负值，PN 结区加宽。在图6.3.5 中作出特性曲线，即光电二极管在反向电压作用下的伏安特性曲线。

表 6.3.2

	电压（V）	1	2	3	4	5
照度（lx）	100 电流（mA）					
	300 电流（mA）					
	500 电流（mA）					

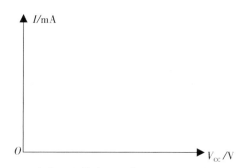

图 6.3.5　光电二极管在反向电压作用下的伏安特性曲线

（3）光谱响应特性的测量。

光电二极管的光谱响应定义为以等功率的不同单色辐射波长的光作用于光电二极管时，其响应程度或电流灵敏度与波长的关系。

光电二极管光谱响应特性的测量是非常复杂的，它需要波长范围很窄的等强度单色光源，而且，必须使各单色光源对被测光电二极管的光照度（或光能量）相等。在上述条件满足的情况下才能测得光电二极管的光谱响应。为了了解光电二极管的光谱响应，简化起见，光谱响应特性测试用七种颜色的滤色片代替不同波长的光。

实验方法与亮电流测试方法基本一样，不同点就是拧下光源前盖，更换不同颜色的滤色片，调节光源电压，在不同照度下，测得光电流，将数据填入表 6.3.3 中，并在图 6.3.6 中作出曲线。

表 6.3.3

颜色	λ（nm）	照度 E（lx）	光电流 I（mA）
红	650	10	
		100	
橙	610	10	
		100	
黄	570	10	
		100	

（续上表）

颜色	λ(nm)	照度 E(lx)	光电流 I(mA)
绿	530	10	
		100	
青	480	10	
		100	
蓝	450	10	
		100	
紫	400	10	
		100	

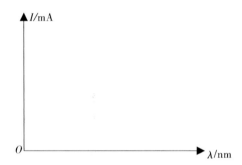

图 6.3.6　光电二极管的光谱响应特性曲线

6.4　光电三极管的特性实验

1. 实验目的
（1）了解光电三极管的结构、性能。
（2）熟悉光电三极管的光电灵敏度、伏安特性、光谱响应特性。
（3）掌握相关特性参数的测量方法。
2. 实验仪器设备
（1）电源主机箱。
（2）光源。
（3）滤色片。
（4）光电器件实验模板。
（5）光电三极管。
（6）光照度探头。

3. 实验原理

在光电二极管的基础上，为了获得内增益，利用晶体三极管的电流放大作用，用 Ge 或 Si 单晶体制造 NPN 或 PNP 型光电三极管。其结构、使用电路及等效电路如图 6.4.1 所示。

光电三极管可以等效一个光电二极管与另一个一般晶体管基极集电极并联：集电极—基极产生的电流，输入到共发三极管的基极再放大。不同之处是，集电极电流（光电流）由集电结上产生的 i_ϕ 控制。集电极起双重作用：把光信号变成电信号，起光电二极管作用；使光电流再放大，起一般三极管的集电结作用。一般光电三极管只引出 E、C 两个电极，体积小，光电特性是非线性的，广泛应用于光电自动控制领域。

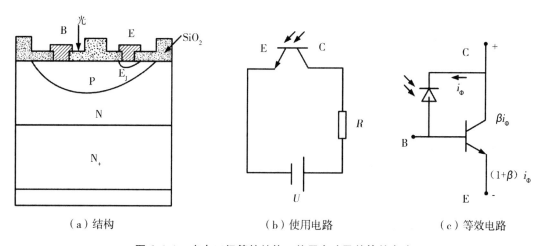

|（a）结构|（b）使用电路|（c）等效电路|

图 6.4.1　光电三极管的结构、使用电路及其等效电路

集电极输出的电流为

$$I_{\mathrm{C}} = \beta I_{\mathrm{P}} = \beta \frac{\eta q}{h\nu}[1 - \exp(-\alpha d)]\Phi_{e,\lambda}$$

光电三极管的电流灵敏度是光电二极管的 β 倍，相当于将光电二极管与三极管接成如图 6.4.1（c）所示的电路形式，光电二极管的电流 I_{p} 被三极管放大了 β 倍，它是光电二极管灵敏度的 β 倍，即它与光电二极管相比增益提高到 β 倍。

为提高光电三极管的增益，减小体积，常将光电二极管或光电三极管及三极管制作到一个硅片上构成集成光电器件。

图 6.4.2 所示为三种形式的集成光电器件。图 6.4.2（a）所示为光电二极管与三极管集成而构成的集成光电器件，它比图 6.4.2（c）所示的光电三极管具有更大的动态范围，因为光电二极管的反向偏置电压不受三极管集电结电压的控制。图 6.4.2（b）是图 6.4.2（c）所示的光电三极管与三极管集成而构成的集成光电器件，它具有更高的电流增益（灵敏度更高）。

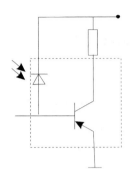 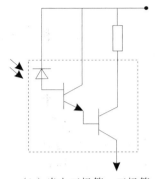 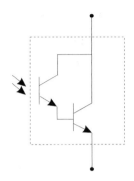

（a）光电二极管—三极管　　　　（b）光电三极管—三极管　　　　（c）达林顿光电三极管
　　集成光电器件　　　　　　　　　　集成光电器件

图 6.4.2　集成光电器件

4. 实验内容及步骤

（1）光电三极管的伏安特性。

光电三极管在不同照度下的伏安特性就像一般晶体管在不同的基极电流输出特性一样。光电三极管把光信号变成电信号。

①根据图 6.3.3 把光电二极管换成光电三极管，按图接线，将光电三极管的两个插孔接到实验模板的光敏器件输入的插孔中，实验模板的电流表和电压表插孔分别与主机箱的电流表输入和电压表输入插孔相连接。将实验模板上的 V_{CC} 插孔与主机箱的 +5V 电源相连。

②首先慢慢调节 0~12V 光源电压，使光源的光照度达到某一照度（用照度计测量），再调节光电三极管的工作电压，测量光电三极管的输出电流和电压。填入表 6.4.1 至表 6.4.4 中，并作出一定光照度下的光电三极管的伏安特性曲线。

表 6.4.1　在 100lx 照度下

U_1（V）	1.5	2.0	2.5	3.0	3.5	4.0
I_1（mA）						

表 6.4.2　在 500lx 照度下

U_1（V）	1.5	2.0	2.5	3.0	3.5	4.0
I_1（mA）						

表 6.4.3　在 1 000lx 照度下

U_1（V）	1.5	2.0	2.5	3.0	3.5	4.0
I_1（mA）						

表6.4.4　在1 500lx照度下

U_1（V）	1.5	2.0	2.5	3.0	3.5	4.0
I_1（mA）						

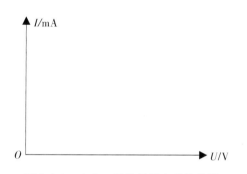

图6.4.3　光电三极管的伏安特性曲线

（2）光电三极管的光照特性。

暗电流与亮电流测试实验方法参照实验6.3，改变入射到光电三极管上的光照度，测出不同照度下通过负载电阻的电流 I，将实验数据填入表6.4.5中，并作出光照特性曲线。

表6.4.5

照度（lx）	100	200	300	400	500	600	700	800
$I_亮$（mA）								

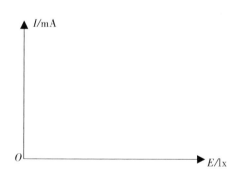

图6.4.4　光电三极管的光照特性曲线

（3）光电三极管的响应波长（光谱特性）。

光电三极管对不同波长的光接收灵敏度不同，它有一个峰值响应波长。当入射光的波长大于峰值的响应波长时，相对灵敏度下降。光子能量太小，不足以激发电子空穴对。当入射光的波长小于峰值的响应波长时，相对灵敏度也下降，这是由于光子在半导体表面附近就被吸收，并且在表面激发的电子空穴对不能到达 PN 结，相对灵敏度下降。

　　实验时通过滤色片得到的不同波长的光，当然也可以用 LED 发光管发出的近似单色光作为光源。用刻度片对光进行衰减改变其照度，也可以采用改变 LED 工作电流的方式改变其照度，不同波长的光在相同的照度下，检测出对应的光电三极管的电流大小，则得到不同波长的灵敏度。

　　光电三极管响应波长（光谱特性）的实验方法同实验 6.3。参照实验 6.3 做实验，将实验数据填入表 6.4.6 中，并作出光谱特性曲线。

表 6.4.6

颜色	λ(nm)	照度 E(lx)	光电流 I(mA)
红	650	10	
		100	
橙	610	10	
		100	
黄	570	10	
		100	
绿	530	10	
		100	
青	480	10	
		100	
蓝	450	10	
		100	
紫	400	10	
		100	

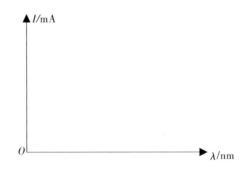

图 6.4.5　光电三极管的光谱特性曲线

6.5 光电开关实验（透射式）

1. 实验目的

（1）了解透射式光电开关的组成原理及应用。

（2）尝试使用其他可用作光发射管和接收管的探头实现开关。

2. 实验仪器设备

（1）电源主机箱。

（2）光电器件实验模板。

（3）光电二极管。

（4）发光二极管。

3. 实验原理

光信号具有强度（功率）、波长（频率）、方向（通道）、速度（群速）、相位、偏振等参量。光开关按光学参量分类，通常用得较多的是强度开关、方向开关和波长开关。强度开关指同一输入光功率下输出光功率在"有"和"无"（或强和弱）间转换的开关，如光学双稳器件等。方向开关是在同一输入光功率下输出光功率在不同输出端口间转换的光开关，如非线性定向耦合器等。波长开关是用来改变载波波长的光开关，如波长转换器等。

光电开关可以由一个光发射管和一个接收管组成，如光耦、光断续器等。当发射管和接收管之间无遮挡时，接收管有光电流产生，一旦此光路中有物体阻挡时光电流中断，利用这种特性可制成光电开关，用于工业零件计数、控制等，应用范围非常广泛。利用它还可以测量物体的旋转速度、运行速度、物体的位置，限定工件运动的行程，限定运动机件往复运动的转向点，自动开启门窗等。

4. 实验内容及步骤

根据图 6.5.1 接线：将发光二极管两端接入实验模板光敏器件输入端（注意极性），将实验模板上电流表的两个插孔用线短接，再将光电二极管（接收管）两端引入实验模块的光敏接收器件两端，再将实验模块上的 V_{cc} 插孔与"⊥"插孔接到主机箱的 +5V 电源的相应插孔上。

接通主机箱电源，用手或者其他物体挡住发光二极管与光电二极管之间的光路，接收管接收不到光，实验模板上的发光二极管不点亮，当光路中无物体阻隔畅通时，实验模板上的发光二极管点亮，由此形成了开关功能。

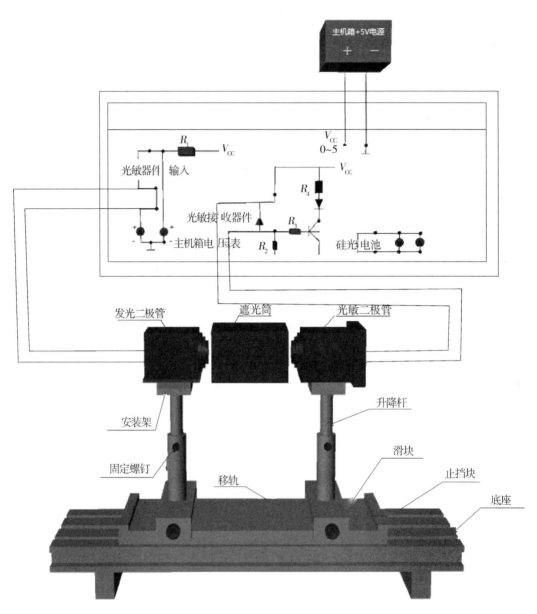

图 6.5.1　光电开关实验连接图

6.6　红外线反射式光电开关（光耦开关）

1. 实验目的

（1）了解红外线反射式光耦开关的组成及基本原理。

（2）掌握光耦的基本应用。

2. 实验仪器设备

（1）电源主机箱。

（2）光电器件实验（光开关）模板。

（3）反射光耦。

3. 实验原理

将发光器件与光电接收器件组合成一体，制成的具有信号传输功能的器件称为光耦器件。光耦器件的发光件常用 LED 发光二极管、LD 半导体激光器和微型钨丝灯等。光电接收器件常用光电二极管、光电三极管、光电池及光敏电阻等。由于光电耦合器件的发送端与接收端是电、磁绝缘的，只有光信息相连。因此，在实际应用中具有许多特点，成为重要的器件。

（1）光耦的结构。

光耦器件的基本结构如图 6.6.1 所示，图 6.6.1（a）所示为发光器件（发光二极管）与光电接收器件（光电二极管或光电三极管等）被封装在黑色树脂外壳内构成光耦器件。此外，还有将发光器件与光电接收器件封装在金属管壳内构成的光耦器件，它使发光器件与光电接收器件靠得很近，但不接触。

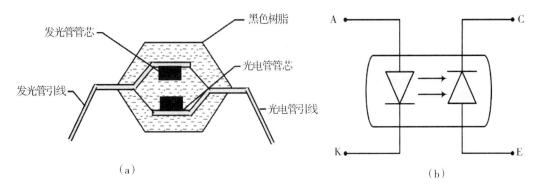

图 6.6.1　光耦器件的结构和电路符号

光耦器件的电路符号如图6.6.1（b）所示，图中的发光二极管泛指一切发光器件，图中的光电二极管也泛指一切光电接收器件。

反光型光电耦合器：LED和光电二极管平行封装在一个壳体内，LED发出的光可以由较远的位置上放置的器件反射到光电二极管的光敏面上。显然，这种反光型光耦器件要比成锐角的耦合器作用距离远。

（2）光耦的特点。

①具有电隔离的功能。它的输入、输出信号间完全没有电路联系，所以输入和输出回路的电子零位可以任意选择。绝缘电阻高达 $1\,010\sim1\,012\Omega$，击穿电压高达$100\sim25\text{kV}$，耦合电容小于1pF。

②信号传输是单向性的。脉冲、直流都可以使用，适用于模拟信号和数字信号。

③具有抗干扰和噪声的能力。它作为继电器和变压器使用时，可以使线路板上看不到磁性元件，且不受外界电磁、电源干扰和杂光影响。

④响应速度快。一般可达微秒数量级，甚至纳秒数量级。它可传输的信号频率在直流至10MHz之间。

⑤实用性强。具有一般固体器件的可靠性，体积小，重量轻，抗震，密封防水，性能稳定，电耗少，成本低，工作温度范围在$-55℃\sim+100℃$之间。

⑥既具有耦合特性，又具有隔离特性。它能很容易地把不同电位的两组电路互联起来，圆满地完成电平匹配、电平转移等功能。

红外线开关模块由一个红外发射二极管和红外三极管组成。当物体接近时，发射管发射的红外线被物体反射回接收管上，被接收管接收。接上放大和控制电路，常用作楼道口等处的灯控开关。当有人经过时，控制楼道灯亮。通过延时电路控制，经过若干秒后，楼道灯自动熄灭。

4. 实验内容及步骤

（1）按照图6.6.2接线：反射光耦有四个插孔，红、黑色插孔接实验模板的红外发射二极管的正端和"⊥"端，黄、蓝色插孔接实验模板的红外接收三极管集电极和发射极插孔。再将实验模板的 V_{CC} 插孔和"⊥"插孔接到主机箱的 $+5\text{V}$ 电源和"⊥"插孔上。

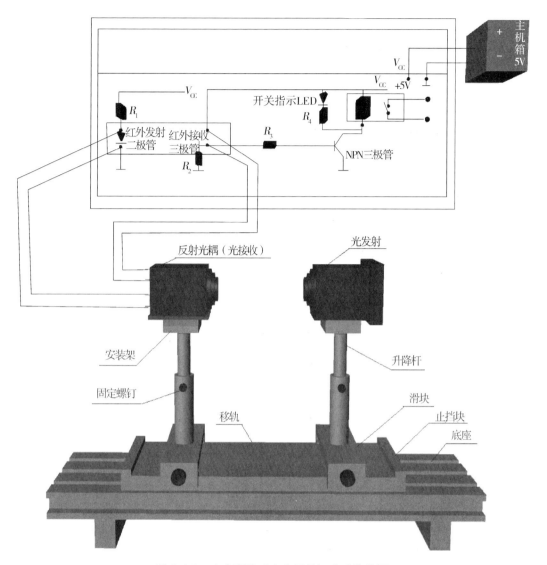

图6.6.2 光电器件（光电开关）实验接线图

（2）接通主机箱电源，用手接近或离开光耦探头，观察实验模板上开关指示灯的工作现象。将光发射管和光接收管分别引入实验模板中的红外发射二极管和红外发射三极管处（注意极性）。调整发射和接收之间的相对位置，观察光路遮挡与畅通时的现象。

光耦器件可用于声光调制、模拟与脉冲信息传输和不共地电平的信息传输等，对于这些应用性的实验，可以自己设计题目搭建实验系统进行自创式实验。

6.7 光电池实验

1. 实验目的
（1）学习光电池的光照、光谱特性。
（2）掌握光电池的基本应用。

2. 实验仪器设备
（1）电源主机箱。
（2）光源。
（3）滤色片。
（4）光电器件实验模板。
（5）硅光电池。
（6）光照度探头。

3. 实验原理

按硅光电池衬底材料的不同可分为 2DR 型和 2CR 型。如图 6.7.1（a）所示为 2DR 型硅光电池，它是以 P 型硅为衬底（即在本征型硅材料中掺入三价元素硼或镓等），然后在衬底上扩散磷而形成 N 型层并将其作为受光面。

硅光电池的受光面的输出电极的外形如图 6.7.1（b）所示，为梳齿状或"E"字形电极，其目的是减小硅光电池的内电阻。

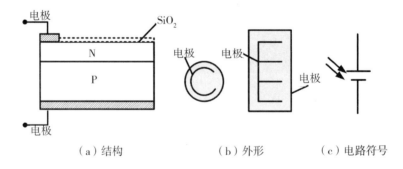

（a）结构　　　　　　（b）外形　　　　　（c）电路符号

图 6.7.1　硅光电池结构、外形与电路符号

如图 6.7.2 所示，当光作用于 PN 结时，耗尽区内的光生电子与空穴在内建电场力的作用下分别向 N 区和 P 区运动，在闭合的电路中将产生如图 6.7.2 所示的输出电流 I_L，且负载电阻 R_L 上产生电压降为 U。显然，PN 结获得的偏置电压 U 与光电池输出电流 I_L 以及负载电阻 R_L 都有关，即 $U = I_L R_L$。

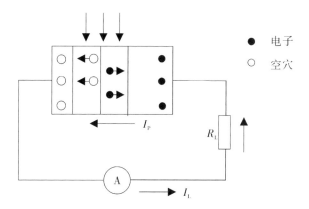

图 6.7.2 硅光电池的工作原理图

当以输出电流 I_L 为电流和电压的正方向时，可以得到如图 6.7.3 所示的伏安特性曲线。

$$I_L = I_P - I_D \left[\exp(qI_L R_L/kT) - 1 \right]$$

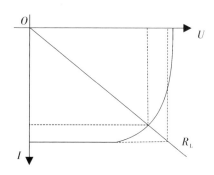

图 6.7.3 光电池的伏安特性曲线

光电池的应用主要有两个方面，一是作为光电探测器件，二是将太阳能转变为电能。

利用光电池作为探测器件，有着光敏面积大，频率响应高，光电流随照度线性变化等特点。因此，它既可以作为开关应用，也可用于线性测量，如用在光电读数、光电开关、光栅测量技术、激光准直、电影还音等装置上。

利用光电池将太阳能变成电能，目前主要是使用硅光电池，因为它能耐受较强的辐射，转换效率较其他光电池高。实际应用中，把硅光电池单体经串联、并联组成电池组，与镍镉蓄电池配合，可作为卫星、微波站、野外灯塔、航标灯、无人气象站等无输电线路地区的电源供给。

4. 实验内容及步骤

（1）光照特性。

光电池在不同的照度下，产生不同的光电流和光生电动势。它们之间的关系就是光照特性。

①按图6.7.4接线：将光源两个插孔接入主机箱0～12V可调电源的相应插孔上（按逆时针方向将可调电源的旋钮调节到最底），将光电池的两个插孔接到实验模板的硅光电池上（注意极性）。

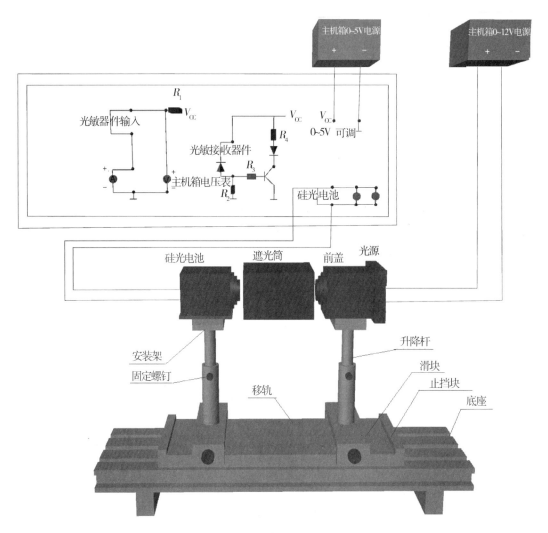

图6.7.4　光电池实验接线图

②将照度计探头两个插孔接到主机箱的照度计输入端的相应插孔上，打开主机箱电源，将照度计探头用遮光筒与光源连接起来，调节接入光源的0～12V可调电源，使照度计显示100lx。拿去照度计探头，把硅光电池连到遮光筒上，将主机箱的电压表接到光电实验器件模板的硅光电池的电压表接口上，测出100lx照度下的开路电压。把电压表的引线断开后，将主机箱的电流表串接到实验模板上、硅光电池的电流表接口上，测出100lx照度下的短路电流。重复以上方法，测出照度为200～600lx时硅光电池的开路电压和短路电流，将数据填入表6.7.1中，并作出曲线图，分析电流、电压及光强度的关系。

表 6.7.1

照度（lx）				
电流（mA）				
电压（mV）				

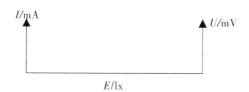

图 6.7.5　硅光电池开路电压、短路电流实验特性

（2）光谱特性。

光电池在不同波长的光照下，产生不同的光电流和光生电动势。用不同颜色的滤色片得到不同波长的光。滤色片更换：拧下光源前盖，分别拧上红、橙、黄、绿、青、蓝、紫七种滤色片。在相同的照度下，将测量结果填入表 6.7.2 中，并在图 6.7.6 中作出曲线图，认识光电池的光谱响应范围。

表 6.7.2

颜色	λ（nm）	电流（mA）	电压（mV）
红	650		
橙	610		
黄	570		
绿	530		
青	480		
蓝	450		
紫	400		

图 6.7.6　硅光电池的光谱特性

6.8　热释电红外传感器实验

1．实验目的

掌握热释电红外传感器的基本原理及其在实际生活中的应用。

2．实验仪器设备

（1）电源主机箱。

（2）光电器件实验模板。

（3）红外热释电探头。

（4）红外热释电探测器。

3．实验原理

（1）热释电效应。

电介质内部没有自由载流子，没有导电能力。但是它也是由带电的粒子（价电子和原子核）构成的，在外加电场的情况下，带电粒子也要受到电场力的作用，使其运动发生变化。如图 6.8.1（a）所示，在电介质的上下两侧加上电场后，电介质产生极化现象。从电场加入到电极化状态建立这段时间内电介质内部的电荷适应电场的运动，相当于电荷沿电力线方向的运动，这也是一种电流，称为"位移电流"，该电流在电极化完成即告停止。

对于一般的电介质，在外加电场除去后极化状态随即消失，带电粒子又恢复原来的状态。而有一类被称为"铁电体"的电介质在外加电场除去后仍保持极化状态，称其为"自发极化"。图 6.8.1（b）和（c）分别为一般的电介质与铁电体电介质的极化曲线。一般的电介质的极化曲线通过中心，而铁电体电介质的极化曲线在电场去除后仍保持一定的极化强度。

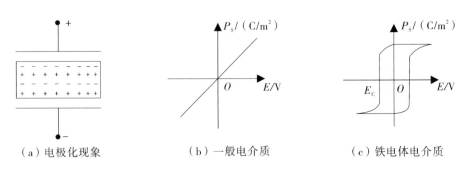

（a）电极化现象　　　　　（b）一般电介质　　　　　（c）铁电体电介质

图 6.8.1　电介质的极化

铁电体的自发极化强度 P_s（单位面积上的电荷量）与温度的关系如图 6.8.2 所示。随着温度的升高，极化强度降低，当温度升高到一定值，自发极化突然消失，这个温度常被称为"居里温度"或"居里点"。在居里点以下，极化强度 P_s 是温度 T 的函数。利用这一关系制造的热敏探测器称为热释电器件。

当红外辐射照射到已经极化的铁电体薄片时，引起薄片温度升高，表面电荷减少，相当于热"释放"了部分电荷。释放的电荷可用放大器转变成电压输出。如果辐射持续作用，表面电荷将达到新的平衡，不再释放电荷，也不再有电压信号输出。因此，热释电器件不同于其他光电器件，它在恒定辐射作用的情况下输出的信号电压为零，而只有在交变辐射的作用下才会有信号输出。

对于经过单畴化的热释电晶体，在垂直于极化方向的表面上，将由表面层的电偶极子构成相应的静电束缚电荷。

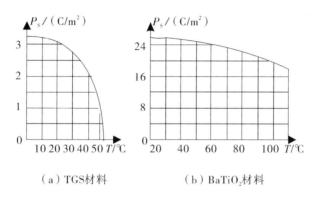

（a）TGS材料　　　　（b）BaTiO$_2$材料

图 6.8.2　自发极化强度随温度变化的关系曲线

当已极化的热电晶体薄片受到辐射热的时候，薄片温度升高，极化强度 P_s 下降，表面电荷减少，相当于"释放"一部分电荷，故名热释电。释放的电荷通过一系列的放大，转化成输出电压。如果继续照射，晶体薄片的温度升高到 T_c（居里温度）值时，自发极化突然消失。不再释放电荷，输出信号为零，如图 6.8.3 所示。

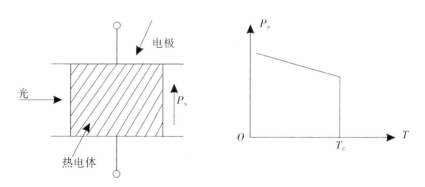

图 6.8.3　热释电效应

因此，热释电探测器只能探测交流的斩波式辐射（红外光辐射要有变化量）。当面积为 A 的热释电晶体受到调制加热，其温度 T 发生微小变化时，就有热释电电流。$i = AP\dfrac{\mathrm{d}T}{\mathrm{d}t}I_0$，$A$ 为面积，P 为热电体材料热释电系数，$\dfrac{\mathrm{d}T}{\mathrm{d}t}$ 是温度的变化率。

（2）热释电器件。

热释电器件是一种利用热释电效应制成的热探测器件。与其他热探测器相比，热释电器件具有以下优点：

①具有较宽的频率响应，工作频率接近兆赫兹，远远超过其他热探测器的工作频率。一般热探测器的时间常数典型值在 $1 \sim 0.01$ 秒，而热释电器件的有效时间常数可低至 $3 \times 10^{-5} \sim 10^{-4}$ 秒。

②热释电器件的探测率高，在热探测器中只有气动探测器的才比热释电器件的稍高，且这一差距正在不断缩小。

③热释电器件可以有大面积均匀的敏感面，且工作时无须外加接偏置电压。

④与热敏电阻相比，它受环境温度变化的影响更小；热释电器件的强度和可靠性比其他多数热探测器都要好，且制造比较容易。

4. 实验内容及步骤

（1）热释电实验。

①按图 6.8.4 接线：将红外热释电探头的三个插孔相应地连到实验模板热释电红外探头的输入端口上（红色插孔接 D，蓝色接 S，黑色接 E），再将实验模板上的 V_{CC} + 5V 和 "⊥" 相应地连接到主机箱的电源上，再将实验模板右边部分的探测器信号输入短接。

②接通主机箱电源，手在红外热释电探头端面晃动时，探头有微弱的电压变化信号输出，经两级电压放大后，可以检测出较大的电压变化，再经电压比较器构成的开关电路，使指示灯点亮。观察这个过程。

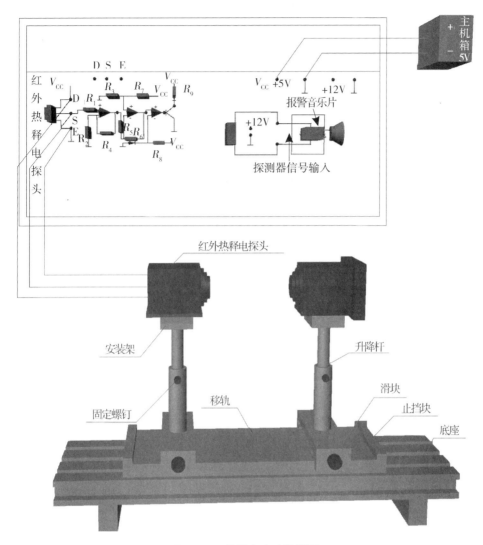

图 6.8.4　热释电实验接线图

一定要注意热释电器件只能在交流信号作用的情况下工作，它对直流信号的放大倍率为零，因此放大电路为交流放大器。实验过程中常常需要交变的红外信号源，通常可以利用人体热源作为辐射源，最简单的方法是将手置于热释电器件的前面（作为温度辐射源），若静止不动，则放大器的输出信号为零，当手以某种频率振动（晃动）时，将观测到随手变化的信号。这就是热释电器件所检测到的手所发出的热信号。实验时一定要注意观察当手稳定不动时电路输出的信号电压与手振动时输出电压的变化情况，并分析其原因。

（2）传感器实验。

①红外热释电探测器有四个接线，按图 6.8.4 接线：将探头的 1、3 号线相应地连接到实验模板的 +12V 与"⊥"上，再将红外热释电探测器 2、4 号线分别接到实验模板的探测器信号输入端口上，再将实验模板的 +12V 和"⊥"接到主机箱 +12V 电源

和"⊥"上。

②接通主机箱电源，延时几分钟模板才能正常工作。当人体或动物移动后，蜂鸣器报警。逐点拉大人与传感器的距离，估算能检测到的红外物体的探测距离。

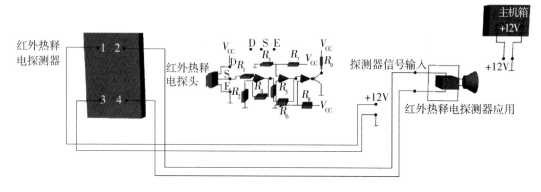

图 6.8.5　传感器实验接线图

6.9　光源及光调制解调实验

1. 实验目的
通过典型的信息对光信号的调制，了解光调制解调的原理、电路和信息载入光能量的方法。

2. 实验仪器设备
（1）电源主机箱。
（2）光调制解调实验模板。
（3）光发射管。
（4）光接收管。

3. 实验原理
（1）载波与调制。

光束是一种电磁波，具有振幅、相位、强度和偏振等参量。如果能够应用某种物理方法改变光波的某个参量，使其按照调制信号（如声音信号）的规律变化，那么该光束就受到了调制，达到"运载"信息的目的。调制是光电系统中的一个重要环节。在无线电通信领域中早已应用了调制和解调技术。例如，在对直流信号进行放大时，通常将直流信号调制成交流信号，先进行交流放大，再分离出直流信号的方法，以克服直流放大器的零点漂移。而解调是从已调制信号中恢复原始信号的过程，故解调即通常所说的信息检测。调制不仅可以使光信号携带信息，从而具有与背景辐射不同的特征，便于抑制背景光的干扰，而且可以抑制系统中各环节的固有噪声和外部电磁场的干扰，具有更高的探测能力。

（2）光电信息调制的分类。

光学调制按时空状态和载波性质可分为以下几种类型。

①按时空状态分类：

a. 时间调制：载波随时间和信息变化。

b. 空间调制：载波随空间位置变化后再按信息规律调制。

c. 时空混合调制：载波随时间、空间和信息同时变化。

②按载波波形和调制方式分类：

a. 直流载波：不随时间而只随信息变化的调制。

b. 交变载波：载波随时间周期变化的调制。交变载波又分为连续载波方式与脉冲载波方式。连续载波调制方式包括调幅波、调频波、调相波。脉冲载波调制方式包括脉冲调宽、调幅、调频等内容。

光辐射的调制方法有很多。传统的调制方法是用调制盘对光辐射强度（能量）进行调制。现代光辐射的调制是利用外（电、声、磁）场的微扰引起介质的非线性极化，从而改变介质的光学性质，在外场下利用光和介质的相互作用实现对光辐射振幅、频率、相位等参数的调制。目前用得较多的是电光调制、声光调制等调制方法。

当一块各向同性的透明介质受外力作用时，介质的折射率会发生变化，这就是所谓的弹光效应。声波是一种机械应力弹性波，当超声波作用于介质时，也会引起弹光效应。通常把超声波引起的弹光效应称为声光效应。当超声波在声光介质中传播时，介质密度呈疏密的交替变化，这会导致折射率大小的交替变化。这样，可以把超声波作用下的介质等效为一块"相位光栅"，即声光栅。光栅的条纹间隔等于超声波的波长。声光栅与光学条纹光栅相似，当入射光束通过该介质时，则入射光波被声光栅衍射。衍射光束的强度、频率和方向等都随着超声场的变化而变化，即该作用提供了一种控制光束光强和传播方向的简便方法。声光调制在相位测距、多普勒测速、波前检测等一些精密测量方面得到了应用。

电光调制是利用某些晶体材料在外加电场作用下折射率发生变化的电光效应而进行工作的。

4. 实验内容及步骤

（1）红外光的脉冲调制。

①按照图 6.9.1 接线：在光脉冲调制实验部分，将光发射管探头的两个插孔与光电器件实验模板的光发射输入插孔相连，光接收探头的两个插孔与实验模板的光接收输入口相连。再将实验模板的 V_{CC} + 5V 电源和"⊥"插孔与主机箱的 + 5V 电源和"⊥"的插孔相连。

②接通主机箱电源，将两个探头（发射和接收探头）对准，可以看到实验模板上的输入脉冲指示和输出脉冲指示一起发亮。如果两个探头中间被挡住或没有对准，就不同时发光。

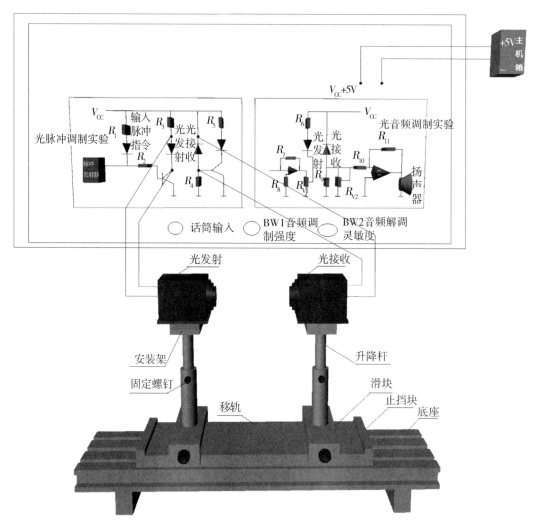

图 6.9.1　光脉冲调制

（2）用声音调制红外光。

按图 6.9.2 接线：将光脉冲实验的接线相应地移到光音频调制实验上，对准发射管和接收管的光路，对准实验模板上的话筒讲话，调节音频调制强度和灵敏度电位器旋钮，使模板上的扬声器发出说话声实现光调制，在被灯光干扰或其他光线干扰时，需要加上遮光筒挡住外界的杂散光干扰。若用纸或手挡住光路，再对着话筒讲话时，模板上的扬声器不发出声音，调制中止。

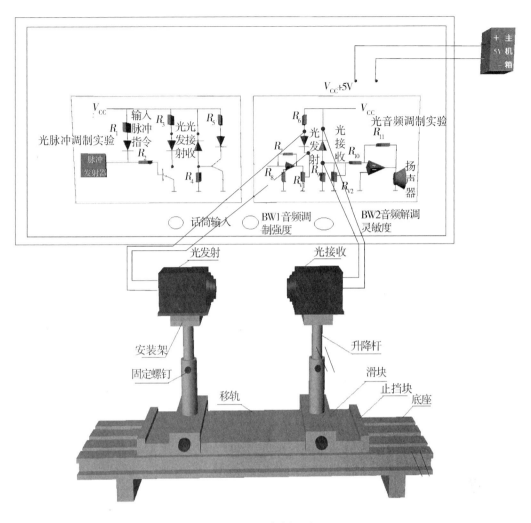

图 6.9.2　声音调制

6.10　PSD 位置传感器实验

1. 实验目的

（1）通过 PSD 原理的实验，掌握光伏器件的横向效应。

（2）通过 PSD 测量光点位置的实验，了解有关 PSD 的应用。

2. 实验仪器设备

（1）电源主机箱。

（2）PSD 传感器实验模板。

（3）PSD 传感器及位移装置。

3. 实验原理

PSD 是具有 PIN 三层结构的平板半导体硅片，其断面结构如图 6.10.1（a）所示。表面层 P 为感光面，在其两边各有一信号输入电极，两电极间的 P 型层除具有接收入射光的功能外，还具有横向分布电阻的特性，即 P 型层不仅为光敏层，而且是一个均匀的电阻层。底层的公共电极是用于加反偏电压。如图 6.10.1（b）所示，当光点入射到 PSD 表面时，由于横向电势的存在，产生光生电流 I_0，光生电流就流向两个输出电极，从而在两个输出电极上分别得到光电流 I_1 和 I_2，显然 $I_0 = I_1 + I_2$。而 I_1 和 I_2 的分流关系则取决于入射光点到两个输出电极间的等效电阻。假设 PS 表面分流层的阻挡是均匀的，则 PSD 可简化为图 6.10.1（c）所示的电位器模型，其中 R_1、R_2 为入射光点位置到两个输出电极间的等效电阻，显然 R_1、R_2 正比于光点到两个输出电极间的距离。

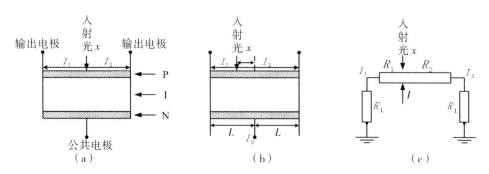

图 6.10.1　PSD 位移传感器结构及原理

因为 $I_1/I_2 = R_2/R_1 = (L-X)/(L+X)$，所以可得：$I_0 = I_1 + I_2$；$I_1 = I_0(L - X/2L)$；$I_2 = I_0(L + X/2L)$；$X = (I_2 - I_1/I_0)L$。当入射光恒定时，$I_0$ 恒定，则入射光点与 PSD 中间零位点距离 X 与 $(I_2 - I_1)$ 呈线性关系，与入射光点强度无关。通过适当地处理电路，就可以获得光点位置的输出信号。

PSD 器件目前已被应用于激光自准直、光点位移量和震动的测量，平板平行度的检测和二维位置测量等领域。

4. 实验内容及步骤

（1）观察 PSD 结构，它有四只管脚，其中有一边为圆弧状附近的管脚，可加反偏电压 V_{o1}，其对角线部位管脚为空脚。PSD 接线中黑线接 V_f 端，其中两个为输出端，均可随意接入。

（2）按图 6.10.2 接线：将实验模块的 $\pm 15V$ 和"⊥"插孔与主机箱中的 $\pm 15V$ 稳压电源和"⊥"分别相连，再将实验 PSD 传感器装置中的半导体激光器的两个插孔与实验模板的激光电源的插孔对应连接。实验模板的 PSD I_2 接 PSD 传感器的蓝色插孔，V_{REF} 基准源接 PSD 传感器的白色插孔，PSD I_1 接 PSD 传感器的红色插孔。

（3）将 PSD 传感器实验模板单元电路连接起来，即 V_{o1} 与 V_{i1} 接，V_{o2} 与 V_{i2} 接（V_{o3}、V_{i3}、V_{i4}、V_{o5} 不用接线），V_{o4} 与 V_{i5} 接，V_{o6} 与 V_{i6} 接，将实验模板上激光电源的"⊥"与 $\pm 15V$ 的"⊥"及 V_{i7} 输出的"⊥"连接起来。将主机箱的电压表接到实验模板的 V_{o7} 或"⊥"上。

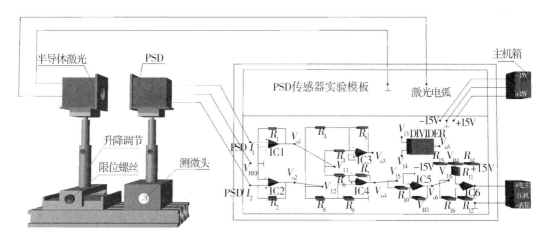

图 6.10.2　PSD 探测实验

（4）打开主机箱电源，实验模板开始工作。转动测微头使激光光点在 PSD 上的位置从一端移向另一端。此时电压变化可在 ±4V 之间，若未达到此值，可调输出增量旋钮。

（5）从 PSD 一端开始旋转测微头，使光点移动，取 $\Delta X = 0.5\text{mm}$，即转动测微头，读取数显表示值，并填入表 6.10.1 中。

表 6.10.1　PSD 传感器移位值与输出电压值

位移量（mm）										
输出电压（V）										

（6）根据表 6.10.1 所列的数据，计算中心量程为 2mm、3mm、4mm 时的非线性误差。

参考文献

［1］裴世鑫，崔芬萍．光电信息科学与技术实验［M］．北京：清华大学出版社，2015.

［2］郭杰荣．光电信息技术实验教程［M］．西安：西安电子科技大学出版社，2015.

［3］江月松．光电技术实验［M］．北京：北京航空航天大学出版社，2015.

［4］王庆有．光电信息综合实验与设计教程［M］．北京：电子工业出版社，2010.